U0180082

声学超材料与波场调控

任春雨　童帅帅　唐伟鹏　著

华中科技大学出版社

中国·武汉

内 容 简 介

　　本书结合国内外声学超材料的研究现状和作者现有的研究成果,系统介绍了几类重要的声学超材料,即宽带声学超材料、各向异性声学超材料、声学超表面、声学拓扑绝缘体与水下声学超材料,并详细论述这些超材料的设计方法及它们在波场调控中的应用问题。

　　本书可供从事声学超材料与声子晶体理论研究的科技人员、有关专业高年级本科生与研究生阅读参考。

图书在版编目(CIP)数据

　声学超材料与波场调控/任春雨,童帅帅,唐伟鹏著.—武汉:华中科技大学出版社,2023.6
　ISBN 978-7-5680-9419-1

　Ⅰ.①声…　Ⅱ.①任…　②童…　③唐…　Ⅲ.①声学材料-关系-声波-调控-研究
Ⅳ.①TB34

中国国家版本馆 CIP 数据核字(2023)第 093725 号

声学超材料与波场调控
Shengxue Chaocailiao yu Bochang Tiaokong

任春雨　童帅帅　唐伟鹏　著

策划编辑:王　勇
责任编辑:吴　晗
封面设计:廖亚萍
责任监印:周治超

出版发行:华中科技大学出版社(中国·武汉)　　电话:(027)81321913
　　　　　武汉市东湖新技术开发区华工科技园　　邮编:430223
录　　排:武汉市洪山区佳年华文印部
印　　刷:武汉科源印刷设计有限公司
开　　本:710mm×1000mm　1/16
印　　张:15　插页:4
字　　数:258千字
版　　次:2023 年 6 月第 1 版第 1 次印刷
定　　价:54.80 元

前言 PREFACE

声学超材料是由人工微结构单元构造而成的一类新型材料(或结构),其宏观属性或性能与传统的自然材料迥然不同,而基于这种"奇异"的材料属性,人们可以对声波的传播实现更为新颖和更为灵活的调控,其效果往往是超常规的。声学超材料作为超材料的一个分支,近年来备受关注且发展迅速,其概念的提出与最初的发展都受到了电磁超材料的启发,随后大量的研究工作(例如声学超材料在水声工程中的应用研究)使其内涵更加丰富,研究工作也更具挑战性。

由于声学超材料具有丰富的物理内涵和广阔的应用前景,其研究在未来会受到越来越多的关注,本书是作者所在课题组多年来工作的总结,同时也参考了国内外该领域较新的研究进展。全书共分6章。第1章是概论,对声学超材料、声学超表面、拓扑声学以及水下声学超材料的概念进行了介绍,并对其发展进行了回顾;第2章讨论了非共振声学超材料的宽带性能问题,首先对超材料研究中采用的等效介质方法进行了介绍,并以此为基础讨论了锥形和梯度折叠空间超材料的宽带高透射现象及其产生机理;第3章讨论各向异性声学超材料问题,介绍了各向异性声学超材料的等效方法,并讨论了基于层状散射体和腔-通道网格结构的两种各向异性声学超材料设计和应用问题;第4章讨论了声学超表面问题,介绍了多种特殊声学超表面,相较于普通超表面,这些超表面具有高透射性能、宽带性能和大角度调控性能等;第5章讨论声学拓扑绝缘体问题,从紧束缚模型出发介绍了二维及一维声学拓扑绝缘体,并对其声学类比和相应的应用进行讨论;第6章讨论水下声学超材料,内容包括了二维/三维水下声学超材料、声学超表面以及声学拓扑绝缘体的理论和应用研究。

本书的研究工作得到了国家自然科学基金项目(11202240,11672114)的支持。此外,本书引用了作者所在课题组陶俊、周世根、缪硕等研究生的论文研究成果,在此一并感谢。

由于本人学识和实际经验有限,本书难免存在许多不妥之处,欢迎读者批评指正。

著　者

2023 年 1 月

目录

CONTENTS

第 1 章
概论

1.1 声学超材料简介

声学超材料是一类具有奇异属性的声人工结构,声学超材料的声学特性主要取决于其微结构单元的调制作用。对声学超材料的研究旨在突破自然材料声学性能的限制。声波在介质中的传播特性可以通过材料的本构参数(如密度和体积模量)来表示。自然材料的密度和体积模量与材料的微观分子结构相关,其密度和体积模量均为正值且不易自由调节。而具有亚波长尺度微结构的声学超材料,其宏观声学性能则可以通过调整微结构单元来灵活调整,甚至能够实现负密度和负体积模量。值得指出的是,声波在微结构中的传输依然遵循基本物理定律,本构参数的负值是超材料在谐波作用下的动力学行为宏观等效,负等效密度材料其加速度方向与驱动力方向相反,而负体积模量材料则在受各向同性压缩时发生体积膨胀[1]。如图 1.1 所示,根据参数的正负性可以将材料分类。

负参数材料的研究开始于电磁学领域。1968 年,苏联科学家 Veselago[2] 在其论文中提出左手材料(双负材料)的理论,即当一种材料同时具有负磁导率和负介电常数时,材料中传播的电磁波群速度与相速度反向,并且会导致反常多普勒效应、负折射效应等。在其后的几十年中,由于自然材料和实验条件的限制,左手材料的设想并未得到证实。直到英国科学家 Pendry 等人于 1996 年[3] 和 1999 年[4] 基于金属线阵列结构和金属开口谐振环结构在微波频段分别实现了等效负介电常数和等效负磁导率,开启了电磁超材料的研究序幕。在 Pendry 等人的研究基础上,Smith 等[5] 将两种结构结合,首次在微波频段实现了双负属性。随后,电磁双负材料在 GHz 频段[6] 和可见光频段[7,8] 相继实现。

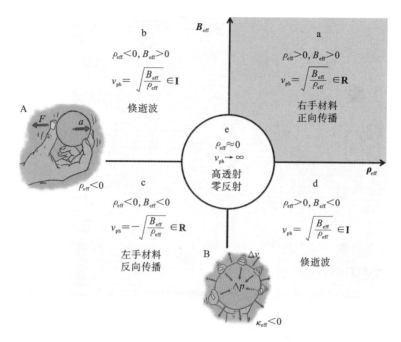

图 1.1　超材料属性分类[9]，子图表示负等效密度材料和负体积模量材料在
谐波激励下的动力学行为[1]

声学负参数的发现最早源于刘正猷等提出的由环氧树脂基体和包裹有硅橡胶的铅粒散射体组成的局部共振声子晶体[10]。刘正猷等利用弹簧-振子模型对硅橡胶-铅粒构型进行等效分析，发现在其共振频带上材料整体表现出负等效密度，并形成了低频禁带[11]。Yang 等利用这种弹簧-振子设计思想，提出将质量块嵌在弹性薄膜中心[12]，获得了一种在系统共振频率上等效密度为负的二维结构。Fang 等[13]基于一维阵列的亥姆霍兹谐振腔，通过共振频率试验验证了负等效体积模量。2006 年，香港科技大学的 Jensen Li 等[14]在研究水环境中的硅橡胶散射体时发现，单极子共振引发了材料的负等效弹性模量，而偶极子共振引发了材料的负等效密度，通过同一频率范围内的单极子和偶极子共振，可以获得同时具有负体积模量和负密度的声学双负材料。随后，Lee 等[15]利用基于薄膜的偶极子共振和基于旁支腔的单极子共振实现了声学双负材料，而 Bongard 等[16]则基于亥姆霍兹谐振腔的单极子共振和弹簧谐振器的偶极子共振实现了双负材料，并在实验中验证了负折射效应。在这些基于共振实现的声

学负参数属性以外，Liang 等[17]在 2012 年提出一种基于空间折叠构型的非共振超材料，在不同频段具有高折射率、负折射率和零折射率等属性。同年，Liang 等人[18]实验验证了这种空间折叠结构的负折射率效应，这种结构的负声学参数的获得并不依赖于局部共振。Xie 等人[19]实验验证了空间折叠结构的双负声学属性的宽带特性。这种空间折叠思想也被拓展到三维结构中，并同样获得了宽带双负属性[20-22]。

声波在单负密度和单负体积模量超材料中以倏逝波（evanescent wave）的形式传播，这使得单负材料成为良好的隔声介质[10]。双负材料则主要用于设计成像率突破衍射极限的声超透镜。超透镜（superlens）的概念最早由英国科学家 Pendry 提出[23]。成像技术指通过采集物体的散射波信息反演物体特征，其中特征尺寸大于入射波波长的信息可以被传播波（propagating wave）携带传播至远场，而特征尺度小于入射波波长的信息则包含于倏逝波中，只能存在于物体表面的近场。Pendry 指出利用双负材料制造具有负折射率的平面透镜，可以实现对倏逝波的放大，突破衍射极限。目前在声学领域，已有一些具有负属性的声学超材料被应用于构造声学超透镜[24-26]。

在密度-体积模量的材料空间中，除了负参数以外，分布在坐标原点附近的近零参数材料也具有独特的性能[27-32]。在理想的零参数材料中，声波具有无穷大的相速度和零等效折射率，这使得声波的传播没有反射也没有相变。2010年，Bongard 等[16]基于传输线方法设计了一种具有周期分布膜和旁开孔的导管结构（见图 1.2(a)），并发现这种一维超材料在负折射率和正折射率之间的过渡频率中出现了零等效折射率。Liang 等[17]在基于折叠空间概念设计的二维声超材料中也发现了零密度属性，并验证了隧穿效应（见图 1.2(b)(c)），即声波在存在障碍物的波导中仅利用小部分空间完成声波传输[33,34]。Fleury 和Alù[27]通过在细长导管中布置周期性膜材料获得了一维近零密度材料，并成功使声能穿透截面面积仅有原传输管 1% 的细长导管，实现了隧穿效果。此外，南京大学的刘晓峻课题组[28]研究了零折射率超材料在部分缺陷条件下的声传输问题，在不同工况分别实现了全透射、全反射和部分透射。而利用近零折射率材料中相变极小的特点，刘晓峻课题组还设计了用于声信号处理的声开关和声逻辑门[30]。2017 年，Dubois 等人[32]在空气通道周期变化的二维波导中利用高阶波导模式实现了由布里渊区中心狄拉克锥引起的阻抗匹配零折射率材料,并基于这种材料完成了点声源波的声波准直。

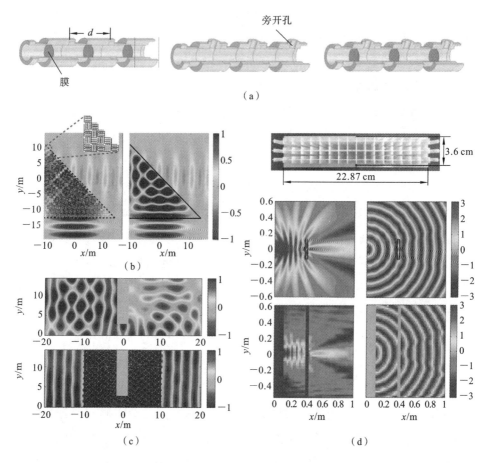

图 1.2 (a) 由具有周期分布膜和旁开孔的导管构成的一维双负属性材料[15];(b) 由折叠空间结构构成的二维双负属性材料[17];(c) 零密度材料的隧穿效应[17];(d) 双正材料及其在声学透镜中的应用

在双正参数的材料属性空间内,与自然材料相比,超材料具有属性可调制、可设计的特点。特别是与变换声学等操控理论结合,可实现波束定向准直、声波聚焦、声隐身等声波操控。2009 年至 2011 年,美国杜克大学的 Steven A. Cummer 课题组提出了方形填充、十字形填充等具有可调正折射率的超材料结构,并实现了声波的偏转、聚焦等操作[35,36]。穿孔板结构也被用于构造双正参数超材料,具有宽带弱色散性的特点[37,38]。Cummer 课题组[37]利用穿孔板超材料设计了一种地毯式隐身斗篷并进行了实验验证,Choon Mahn Park 等[38]利用穿孔板超材料设计了声学透镜。但这些结构的一个缺点在于其等效折射率相对较低,限制了更丰富的声波操控。2012 年,Liang 等提出空间折叠概念[17],获得了高达 6.1 的等效折射率。此后,基于空间折叠概念衍生了众多超材料构型,如分形结构超材料[39]、螺旋超材料等。空间折叠超材料一方面具有较大的折射率调控范围,为声波操控带来更多的可设计性;另一方面其相对较高的等效折射率,有利于减小超材料声学器件的尺寸,特别是在波前操控的声学超表面中得到了广泛的应用。

1.2 声学超表面简介

声学超表面(见图 1.3)利用低维化的界面结构实现对声波的操控,具有结构紧凑、操控灵活的特点,吸引了越来越多的关注。广义的声学超表面既包括基于波前操控的反射型超表面和透射型超表面,也包括吸声超表面和声学表面结构。本书的研究重点在于透射超表面的波前操控,因此本节仅对声学表面结构和吸声超表面做简要概括,着重介绍波前操控超表面,特别是透射型超表面。

声学表面结构是一类在平板上引入孔阵列、栅结构等特殊结构实现声波操控的声学人工结构,其概念起源于 Ebbesen 等[40]于 1998 年在具有亚波长孔阵列的金属板中实现异常透射的研究。在声学上,表面结构的研究涉及声异常透射[41-44]、声准直[43,44]、异常声屏蔽[45]及不对称透射[46]等方面。2007 年,Christensen[43]在带孔平板周期性地刻上凹痕,利用激发的表面波实现了声波的准直。2011 年,Zhou 等[44]利用类似结构实验验证了异常透射效应与声准直效应,并指出倏逝波模态在这些奇异现象中的主要贡献作用。武汉大学的刘正猷课题组对声表面结构做了很多研究,如首次在非开孔表面结构中实现了异常透射[42],基于具有准周期脊的铝板实现了水中的宽带非对称传输等[47,48]。

吸声超表面指在表面布置单层或少层微结构单元实现对声波的吸收,其厚度相比于传统的块体吸声材料更为轻薄,达到亚波长级别[49-53]。2014 年,

Guancong Ma 等[50]利用薄膜结构的混合共振实现了与空气传播声的阻抗匹配,避免了声波的反射。通过厚度比吸收波长小两个数量级的超表面实现了多个频率处的声吸收或声能转化,在声电转化中达到了 23% 的转化效率。2016年,李勇等[49]在穿孔板与背衬之间加入空间折叠结构,实现了单频吸声,吸声超表面厚度约为波长的 1/223。2018 年,Chen Shen 等[52]利用梯度折射率超表面的高阶衍射效应强制声波在超表面单元内部多次反射,这种非共振的吸声超表面实现了 600 Hz 带宽内高达 95% 的吸收。2019 年,Wang 等[53]构建了一种非Hermitian 反射超表面,具有非对称反射的特点,从一侧入射时具有极高的反射效率,而从另一侧入射时则具有极高的吸收效率。

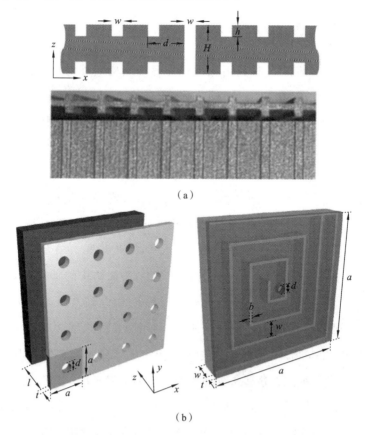

图 1.3　(a) 声学表面结构[44];(b) 吸声超表面[49];(c) 反射型超表面[58];
　　　　(d) 透射型超表面[75]

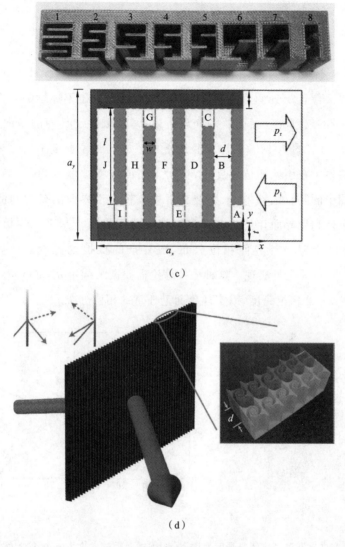

（c）

（d）

续图 1.3

波前操控超表面最早发展于电磁学领域,其中广义斯涅耳定律的提出是一个重要的里程碑。2011 年,哈佛大学的 Nanfang Yu 等[54]在总结其课题组基于界面二维阵列的光学谐振器实现光波的反射操纵研究时指出,当波穿过两侧相位不连续的界面时,受到界面相位突变所提供的横向波矢的影响,波的折射和反射将不再简单遵循斯涅耳定律。Nanfang Yu 等同时还从费马定律出发推导了广义斯涅耳定律,其推导原理图如图 1.4(a)所示。以透射情况为例,广义斯

涅耳定律可以表示为

$$\sin(\theta_t)n_t - \sin(\theta_i)n_i = \frac{\lambda_0}{2\pi}\frac{d\phi(x)}{dx} \tag{1.1}$$

其中：n_i 和 n_t 分别为入射侧和透射侧介质的折射率；λ_0 为工作介质的波长；$\phi(x)$ 表示界面位置 x 处两侧的相位突变。波在通过相位不连续的界面时，其反射、折射关系不仅取决于界面两侧介质折射率，还取决于界面的横向相位突变梯度 $d\phi(x)/dx$。图 1.4(b) 中加粗曲线给出了横向相位梯度为 π/λ_0 的入射角与透射角关系。在引入相位梯度后，正向入射的波将被偏转 30°。特别值得注意的是在图中的阴影区域内，入射波和折射波将位于界面法线的同侧，出现了负折射现象。利用界面相位分布操控声波不仅仅局限于基于线性相位梯度的波偏转，通过合理设计界面相位分布，更复杂的操控如光旋涡[54]、聚焦、隐身[55]、全息[56,57]等也可实现。这种操控理论需要微结构单元，如 V 形金属纳米天线来提供 2π 的相位跨度，以实现界面上任意的相位分布。

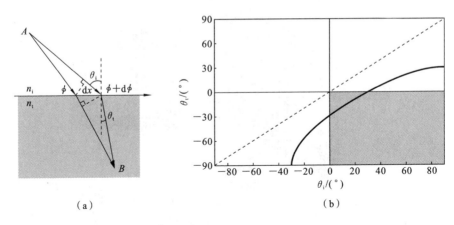

图 1.4 (a) 广义斯涅耳定律推导示意图[54]；(b) 横向相位梯度为 π/λ_0 的入射透射关系

这种新颖的利用界面相位梯度实现波前操控的理念引起了学者们的注意。类比于光学超表面，李勇等在 2013 年将广义斯涅耳定律引入反射波前的操控中，基于反射相位跨度覆盖 2π 的迷宫结构单元实现了反射波的偏转、传输模式转换、反射波聚焦和非衍射波生成等反射波操控。次年，这种反射超表面得到了实验验证[58]。Zhao 等[59]在 2013 年利用阻抗梯度表面实现了反射波的偏转。西北工业大学的丁昌林通过单开口球[60]和双开口球单元[61]的反射型超表面实现了反射波前操控。南京大学的朱一凡等[62-65]在人工 Schroeder 散射体[62]、声全息[63]、基于反射型超表面实现反射波前操控[64,65]和单向传输[66,67]等方面进行了研究。朱一凡等[64]利用梳状结构设计了无色散反射型超表面,实现了宽带反射波前操控。梳状结构也被用来设计多频率超表面,在基频和多个倍频上实现了声波的反射波偏转和汇聚[65]。在非对称传输方面,朱一凡等分别提出了无阻塞通道、平直开放通道和多端口通道方案[66,67]。基于反射型超表面设计的超薄 Schroeder 扩散体厚度由传统 Schroeder 扩散体的半波长压缩至 1/20 波长,同时也具有极高的反射声场扩散效率[62]。为了实现反射波的声全息,朱一凡等在超表面单元中引入损耗来同时控制单元的反射相位和幅值,实现对反射声场的精细操控[63]。

地毯式声学斗篷是反射型超表面的一个重要应用。Yang 等[68]在 2016 年从理论上提出基于反射型超表面的伪装隐身策略,通过在物体表面覆盖超表面结构提供额外相位补偿来伪装物体的反射特征,利用共振腔结构构造了适用于电磁波、声波以及水波的隐身声学超表面。Faure 等[69]在同一年基于亥姆霍兹共振腔单元设计了地毯式声学超表面,实验中在单频率点验证了地毯式声学斗篷的隐身效果。Esfahlani 等[70]也基于覆膜共振腔结构设计了单频地毯式隐身声学超表面。2017 年,Wang 等[71]基于螺旋结构单元声学超表面设计了适用于 2500~3600 Hz 频率范围的宽带地毯式声隐身斗篷。与地毯式声学斗篷的思路相反,Dubois 等[73]在平面上引入额外相位补偿,利用超表面模拟物体反射特征。顾仲明等[74]则通过在反射超表面引入随机的相位响应实现声波的漫反射的效果,避免产生强反射。

透射型声学超表面的出现稍晚于反射型超表面,这是由于应用于透射型超表面的微结构单元需要兼顾相位调控和透射效率。2014 年,武汉大学的唐昆等利用由折叠空间单元构建的声学超表面(见图 1.5(a))实现了透射波的异常折射[74],并进行了实验验证。同年,杜克大学的 Xie 等[75]利用透射超表面实现了负折射、传播波转换为表面波等声波操控。为了提高超表面的效率,Xie 等[75,76]将锥形结构引入折叠空间单元中,设计了多种宽带阻抗匹配的锥形迷宫单元。华南理工大学的梅军[77]从理论上提出在空腔中分段填充多种与空气阻抗相近但折射率不同的气体材料以实现高透射率相位调控,这种阻抗匹配超表面可以实现对透射声波的任意操控以及全反射。2015年,西北工业大学的赵晓鹏课题组[78]从理论上提出在空腔两端覆盖弹性薄膜的单元设计方案,实现了多种透射波前操控应用(见图1.5(b))。李勇等[79]将4个亥姆霍兹共振腔通过狭缝串联来调控声波相位,获得了较高的透射率。基于这种串联共振腔单元,李勇等利用超表面实现了波束的自偏转,并通过实验进行了验证。此外,南京大学的田野等[80]基于五模材料设计了阻抗与背景介质匹配、折射率可调的超表面单元(见图1.5(c)),设计了宽带高效的透射型超表面。除了对透射波的偏转、聚焦,学者们对基于声学超表面的透射波操控应用做了更多的探索。2016年,西安交通大学的王晓鹏等[81]利用两片超表面透镜操纵声波聚焦再准直,使得声波传输避开透镜之间部分区域,从而实现局部隐身。江雪等[82,83]利用超表面实现了平面入射波转化为携带轨道角动量的旋转波束,并将轨道角动量引入声学通信中,扩宽了通道容量[84](见图1.5(d))。南京大学的左淑毓等[85-07]基于声学超表面设计了声学模拟计算系统(见图1.5(e)),可以实现对入射声信号执行傅里叶变换、空间微分、积分和卷积等数学运算。

操控方法和单元设计是透射超表面研究中的两条主线。操控方法的研究旨在探索超表面特征(如相位和幅值分布)与声场操控效果的联系,从理论上提出用于实现新奇声波操纵功能的表面特征分布。而在微观单元层面则需要设

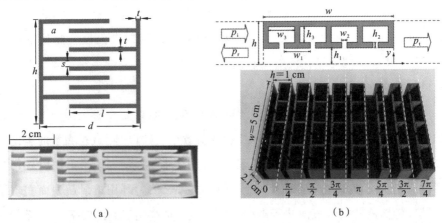

(a)　　　　　　　　　　　　(b)

图1.5　(a) 基于空间折叠型单元的超表面[73];(b) 基于串联共振腔单元的超表面[79];(c) 基于介质填充型单元的超表面[77];(d) 透射超表面的自旋转波束[79];(e) 基于透射超表面的声学模拟计算系统[87]

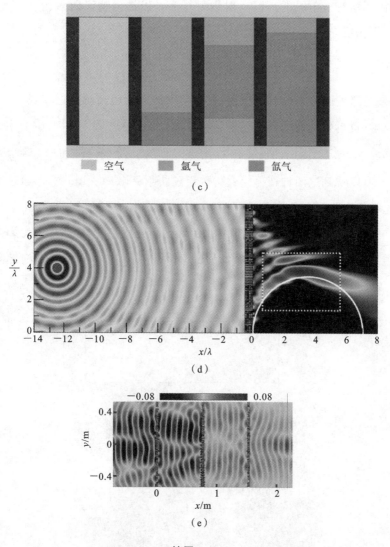

空气　　　　氩气　　　　氙气

（c）

（d）

（e）

续图 1.5

计满足特定幅值和相位的微结构单元形式,是透射超表面的物质基础。

在操控方法的研究上,广义斯涅耳定律描述了相位梯度与局部透射的关系,是基于相位调控声波的一种重要操控方法。而近年来,学者们将衍射、幅值调控等手段引入波前操控中,在超表面的操控方法研究上取得了新的进展。2016 年,李勇等[88]和 Wang 等[89]分别基于透射超表面和反射超表面,研究了相位周期性对声波反射、透射行为的影响,通过将相位周期性引入广义斯涅耳定

律,得到了所有衍射级的声波反射透射行为。以透射超表面为例,广义斯涅耳定律可以拓展为

$$\sin(\theta_t)n_t - \sin(\theta_i)n_i = \frac{\lambda_0}{2\pi}\frac{d\varphi(x)}{dx} + m\frac{\lambda_0}{\Lambda} \tag{1.2}$$

其中:Λ 为超表面的相位周期长度;m 为衍射级。利用高阶衍射模式,具有全角度负反射、负折射特性的声学超表面相继被设计出来[90-93]。图 1.6(a)中给出了相位梯度为 $2\pi/\lambda_0$、周期性长度为 λ_0 的超表面的 0 阶(实线)和 -2 阶衍射模式(虚线),可以看到这两种衍射模式均位于负折射区域内。Liu 等[91]通过实验验证了这种超表面的全角度负折射现象,如图 1.6(b)所示。同时,相比于 0 阶负折射模式,-2 阶负折射模式更容易受超表面单元的损耗、缺陷等因素影响从而导致透射率降低。利用这种差异性,Ju 等[94]和 Liu 等[95]分别基于损耗和间隙设计了非对称透射表面。

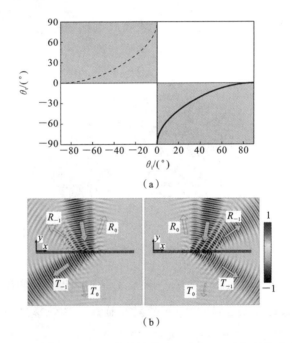

图 1.6 (a) 计入超表面相位周期性的透射波 0 阶和 -2 阶衍射模式;(b) 全角度
负折射超表面[91];(c) 幅值与相位解耦的结构单元及声全息超表面[97];
(d) 编码超表面[98]

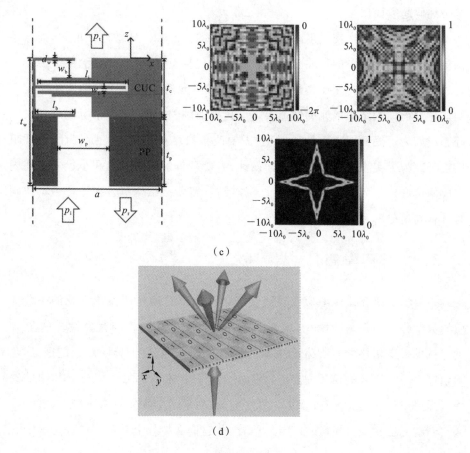

（c）

（d）

续图 1.6

将幅值特征纳入超表面的设计中是提升声波操控精细度的一种方法。武汉大学的唐昆等在利用超表面生成半贝塞尔波束时，将超表面的相位响应与幅值响应结合，得到了高质量的半贝塞尔波束[96]。南京大学的田野则利用相位与幅值解耦控制的单元实现了声全息成像[97]。为了实现特定的操控功能，超表面的相位分布往往比较复杂，需要多种微结构单元提供不同的相位响应。2016年，Xie 等提出编码声学超表面的概念[98]，将超表面的复杂相位分布简化为 0 和 π 两种相位模式，利用仅含两种单元的编码超表面实现了声波聚焦、声波单相传输等[99]。2017 年，Memoli 等[100] 通过离散小波变换对超表面的设计相位分布进行编码，并利用 4 种单元的超表面实现了声聚焦和粒子悬浮。李坤等[101] 利用梯度螺旋结构材料设计了四种相位差恒定的单元，构建了 2"比特"的宽带编码超表面。

多样的操控方法使透射超表面具有丰富的功能和广阔的应用前景,而微结构单元则是通向远景的物质阶梯。目前已有包括空间折叠型单元、共振腔型单元、薄膜型单元、填充介质型单元和五模材料单元等多种形式微结构单元用于构造超表面。微结构单元的性能决定了超表面的透射率、工作带宽和外在尺寸等。例如为了提升超表面的透射率,需要改善微结构单元的阻抗特性,实现阻抗匹配。为了实现轻薄化的超表面设计,需要高折射率单元以在小尺寸空间内完成相位调控。为了拓宽超表面的工作带宽,需要微结构单元在一定带宽内同时具有高透射率和弱色散性。

1.3 拓扑声学简介

拓扑学是研究几何图形或空间在连续改变形状后还能保持不变的一些性质的数学分支。在拓扑学里,重要的拓扑性质包括连通性与紧致性。早在 18 世纪就出现了拓扑学的萌芽,比如哥尼斯堡七桥问题、多面体的欧拉定理、四色问题等。一个著名的例子是:一个甜甜圈和一个杯子是两个拓扑上相同的物体,都是带有一个孔的三维物体。另一方面,如果两个物体具有不同的孔数,那么它们就无法相互转换(连续变形下),因此它们在拓扑上是不同的。这里的孔数就是拓扑数。

拓扑相是来源于凝聚态物理的概念。在凝聚态物理领域,物理学家采用对称性来分类物质的相,即朗道相变理论。比如冰的结构比水更有序(对称性更低),所以它们是两种不同的相。朗道相变理论解释了每个相是如何用一个序参数来描述的,以及对称破缺是如何支配相变的。这种方法一度非常成功,直到量子霍尔效应被发现。1980 年,Von Klitzing 观察到[102],在低温和强磁场下,二维电子气样品具有量子化的霍尔电导,该电导不仅与样品大小无关,而且还不受杂质影响,此即整数霍尔效应。1982 年,Thouless 等人指出量子化的根源在于存在拓扑不变量[103],量子化的电导与非零陈数(Chern number)有关,真空或普通绝缘体的陈数为零。在陈数不同的材料交界处,其体能隙中存在受拓扑保护的无能隙边界态,其拓扑保护表现为对电子的背散射抑制和对缺陷免疫的单向传输,这种现象无法在朗道相变理论的框架下得到解释,是一种介于绝缘体和金属之间的新物态——拓扑态,由此物质的拓扑性质成为凝聚态物理中一个新的研究分支。量子霍尔效应依赖于低温强磁场,其实际应用存在较大困难。2005 年,Kane 和张首晟等人分别提出了在不需外加磁场的条件下,利用自旋轨道耦合,可存在一对共轭的自旋相反的无能隙边界态,即量子自旋霍尔效应或拓扑绝缘[104,105]。在这种情况下,系统的总霍尔电导为零,陈数也为零,系统仍然具有时间反演对称性。事实上,正是时间反演对称性保护了自旋边界态。虽然该系统的总霍尔电导为零,但其自旋霍尔电导为非零,该体系可用 Z_2 拓扑不变量或自旋陈数(spin Chern number)来描述,边界态出现的原因就是在该体系中电子的两种自旋态分别具有符号相反的陈数。2011 年,哈佛大学的 L. Fu 提出也可通过晶格对称性构造一种三维拓扑晶体绝缘体[106]。不同于一般拓扑绝缘体,该系统中不需要利用自旋轨道耦合,拓扑性质受到晶格对称性(比如镜面对称性)而非时间反演对称性保护。此外,还有量子谷霍尔效应[107,108],谷是指动量空间中能带结构的两个能量极值,在该极值处,贝利曲率呈现相反的符号,因此其在整个布里渊区的积分为零,而每个谷内的积分不为零。因此,该系统表现出有谷选择性的拓扑非平凡特性。另外,一类 Floquet 拓扑绝缘体也被提出[109]。拓扑态及其相关的无损传输有望在下一代电子器件和拓扑量子计算中得到潜在应用。

　　然而,拓扑相位的实现在电子系统中存在诸多难以克服的挑战,例如不可避免的材料缺陷以及作为大多数拓扑理论基础的单电子近似假设的有效性等问题。由于拓扑相本质上来源于动量空间的拓扑性质,而与粒子的性质无必然联系,人们开始在其他系统中寻找拓扑相。经过近十年的发展,光/声子晶体和超材料的能带理论已经相当成熟,这为光/声拓扑相的引入打下了很好的基础。拓扑相的概念很快被引入光学和声学领域,许多量子拓扑相已经扩展到光子和声子系统,由于光/声系统在时间和空间上都有更宏观的尺度,因此材料制造和测量过程比电子系统更容易、更精确。在光学领域,人们通过旋磁光子晶体[110-113]、双各向异性超构材料[114,115]和耦合光波导[116-118]等在二维空间实现了拓扑相变。

　　对于声波而言,类量子霍尔效应由 Yang 等人在 2015 年提出[119-121]。为实现类量子霍尔效应所必需的时间反演对称性破缺,研究者们在声子晶体中添加了环形流速场来等效磁场(见图1.7(a))。环形流速场的引入打开了能带图第一布里渊区边界处的狄拉克锥,形成拓扑非平凡的带隙。在晶体的边界处存在受拓扑保护的单向边界态。由于不存在背向传输模态,因此就算边界存在缺陷也不会导致背向散射,保证了声波的高效率传输。这种控制流速场的声学拓扑结构在实际应用中存在诸多困难,在2020年才得到实验证明。2016年,Fleury等人提出了Floquet声学拓扑绝缘体[122],通过在六方晶格格点处的三聚物中引入时间和空间调制打破了时间反演对称性,这种经过时间和空间调制的声子晶体也存在拓扑保护的边界态。然而,时空调制在实际实施上仍有不小的难度。同年,Peng等[123]提出了利用声波波导间耦合的声学Floquet拓扑绝缘体,如图1.7(c)所示,这种晶格由位于中心的波导环和四周的四个耦合波导环构成。实验证实了利用该结构可以实现声波的拓扑边界传输。

声子是自旋为0的玻色子,而电子为自旋为1/2的费米子,实现声学类量子自旋霍尔效应需要构造声学赝自旋。2017年,Zhang等[124]提出了在声子晶体中构造赝偶极子和赝四极子模式(见图1.7(b))。通过能带折叠理论在布里渊区中心得到了双狄拉克锥,该狄拉克锥可以通过扩大或缩小晶胞打开带隙。扩大晶胞和缩小晶胞会使偶极子能带和四极子能带发生反转,实现拓扑态从平庸到非平庸的变化。在两种不同拓扑属性的声子晶体之间存在对缺陷免疫的拓扑边界态。此外He等[125]在三角晶格中发现了由偶然简并而在布里渊区中心形成的双狄拉克锥。该声子晶体可通过调整散射体大小实现偶极子能带和四极子能带的反转。这种声学拓扑绝缘体的鲁棒性单向传输得到了实验验证。

声学类量子谷霍尔效应由Lu等在2016年提出[126,127](见图1.7(d)),所提出的二维声子晶体由正三角形散射体在空气背景中按三角晶格排列而成。当晶体具有C_{3v}对称性时,可在布里渊区的K点和K'点观察到狄拉克点。当镜像对称被破坏,晶体只存在C_3对称性时,这些狄拉克点被打开从而形成带隙,带隙上下的两个极值点就是谷态。在谷态附近,晶体内的声场在散射体之间将形成涡旋场。进一步研究发现,在旋转散射体的过程中能带会被打开再闭合而后再打开。在此过程中上下两能带的涡旋手性发生交换,发生了谷霍尔相变。具有不同的谷霍尔相的晶体之间存在拓扑边界态,这种受拓扑保护的边界态得到

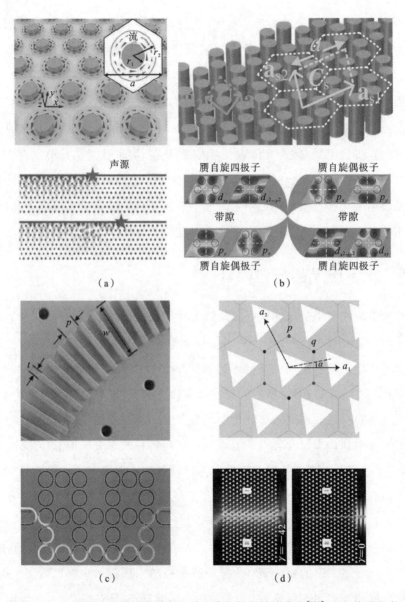

图 1.7 （a）声学陈绝缘体设计以及其无背向散射的边界态[119]；（b）声学拓扑
绝缘体以及其中的赝自旋多极子态[124]；（c）Floquet 声学拓扑绝缘体
及其边界态[123]；（d）声学谷霍尔绝缘体及其具有动量选择效应的边界
态[127]

了实验证实。

声子晶体较之电子系统尺寸更大,在设计和实验上有明显的优势,因此迅速成为探索新颖拓扑物理现象的首选平台。除了以上经典拓扑现象的声学类比,近几年发展起来的三维拓扑绝缘体也已经利用声子晶体得到了实现,比如声学类外尔半金属[128-130]和狄拉克半金属[131,132];种类丰富的高阶拓扑现象[133-137]也在声子晶体中得到了证实;此外还发展出了合成空间中的拓扑相[138-141]位,即以系统参数(几何或材料参数)代替动量,此时拓扑节点存在于由参数和动量构成的合成空间而不是全动量空间。这些研究为以低维系统探索高维系统中的拓扑现象提供了便利。近年来拓扑相的概念被拓展到准晶体系,一阶拓扑边界态和二阶拓扑角态在准晶中得到了观察[142,143]。

1.4 水下声学超材料简介

在水下环境中由于水体对电磁波的吸收干扰,声波成为水下探测和通信的重要手段,水中声波操控在海洋资源的探测和开发、水声通信和水下航行器声隐身上具有广阔的应用前景。同时生物医学领域中超声诊断和成像中的声波传播介质属性与水体相近,水声操控的相关研究成果可以推广至医学领域。目前关于声学超材料的研究大部分集中于对空气中声波的操控,超材料在空气声学中的发展也让许多研究者们开始了对水声超材料的研究。但总体来说,目前为止,关于水声超材料以及对声波操控的理论与实验方面的研究相对较少。主要的原因有以下几点:第一,水作为声音传播的一种介质,同空气相比,声波在其中的波长更长,是同频率下空气中声波波长的 4 倍左右,因此相比在空气中更难对水中声波进行操控。除此之外,声波在水中的损耗远小于在空气中,此前基于声波在空气中的损耗而对声波进行操控的方法在水中难以适用。第二,水同结构的相互作用不可忽视,水介质的声阻抗远大于空气介质,一般固体不能再视为刚体而应视作弹性体,固体中除了存在纵波还存在多个极化方向的剪切波。另外,水的较大密度使得水对结构有一定的负载作用[144],这增加了水声材料设计和性能预测时的复杂程度。第三,从实验角度,水声实验从整体来看较空气声实验更为复杂和昂贵。以上这些因素都在不同程度上对水声超材的发展有所制约。

水声超材料的研究至今已有近三十年,期间发展出了类型众多、功能各异的材料。按照典型功能进行划分,可以分为吸收型、去耦型及水声聚焦型三种水声超材料。吸收型水声超材料按照吸声机理进行划分,可以分为局域共振型和非共振型两种。局域共振水声吸声超材料基于局部共振原理来实现吸声,在能带图中,局部共振频率附近产生了带隙,使得声波在该频段内无法在材料中传播,从而实现吸声。这类超材料可以实现低频吸声,其工作频率较基于布拉格散射原理实现吸声的材料的工作频率低两个数量级。2007 年,Zhao 等人首次通过基于局部共振的声子晶体实现了吸声[145]。除了上述这种单一局域共振子,还可以叠加多层不同局域共振频率的超材料来实现吸声[146,147],从而拓宽工作频带。局域共振水声吸声超材料的典型模型还有晶格基元-局域共振子型[148-150]、局域共振板型以及薄膜型等水声超材料。但由于局部共振的固有属性,基于局部共振型的水声超材料的吸声频带较短,其吸声能力也不够强。还有一类吸收型水声超材料为非共振水声吸声超材料,主要分为多空泡沫材料[151,152],以及梯度指数超材料[153-155]。这类超材料的工作频带较共振型超材料宽,受到了广泛关注。

去耦型水声超材料旨在实现减振降噪的功能,可分为孔腔型、局域共振型、梯度、负泊松比以及手性五种去耦水声超材料。孔腔型去耦水声超材料利用去耦层中的空腔增腔基体板的力阻抗,从而对基体板的振动进行抑制。Tao 等人揭示了去耦层的隔振作用[156],Huang 等人改善了孔腔的形状设计,进一步提升了减振性能[157]。该构型的优点在于轻质,缺点在于低频去耦能力弱。局域共振型去耦水声超材料利用共振进行减振降噪[158],相比孔腔型在低频减振降噪方面更有效。梯度去耦型水声超材料利用阻抗梯度变化来进行减振降噪[159,160],但低频降噪能力较弱。负泊松比去耦水声超材料利用负泊松比材料的拉涨压缩特性进行减振降噪,Zhang 等人所设计的蜂窝型隔振器采用负泊松比材料,实现了良好的低频减振功能[161]。手性去耦水声超材料利用手性结构这一特殊负泊松比多孔结构所具有的高剪切刚度和负等效质量密度等特性来实现减振降噪的功能[162,163],这类材料减振降噪性能优良,但强度和硬度不高。

水声聚焦超材料相较传统水声聚焦材料来说具有小尺寸、低成本的特点。

根据聚焦原理的不同,水声聚焦超材料可分为衍射型、折射型以及反射型三种。衍射型水声聚焦超材料利用超材料产生的衍射声场的相长干涉来实现声聚焦。菲涅耳波带板(FZP)是一类常用聚焦构型,Calvo 等人提出了超薄型 FZP 水声透镜[164],R. Constanza 等人[165]通过加孔设计优化了基于波带板的水声透镜的聚焦性能,Chen 等人[166]拓宽了水声透镜的工作频带。折射型水声聚焦超材料利用超材料微结构对折射率的调控实现水声汇聚,主要包括共振型和梯度型水声聚焦超材料。共振型水声聚焦超材料利用微结构的局部共振实现聚焦,其工作频带较窄。梯度型水声聚焦超材料利用超材料微结构改变折射率从而实现聚焦,主要基于水下五模材料[167],这类材料是本书的关注焦点之一,可实现宽频带水声聚焦。水声聚焦还可以通过反射型水声聚焦超材料实现,反射型水声聚焦超材料可无需增加厚度来实现阻抗匹配,减小了材料的厚度和重量,目前 Zhang 等人[168-170]取得了很大进展。

五模材料是水声超材料中一种特殊的水声超材料,在水声领域有重要的应用前景。五模材料满足刚度矩阵的 6 个特征值有 5 个为零的条件,其力学性能和液体类似,具有很大的体积模量和很小的剪切模量,因此五模材料也被称为"金属水"[171,172]。五模材料作为一种新型超材料,由 Milton 于 1995 年首次提出,Milton 等人[173,174]在数学上证明了任何材料都可以通过两种不同材料一定比例的组合而构成。Méjica 等人[175]给出了 14 种由布拉格晶格激发的可能五模微结构。他们的工作旨在设计具有较大体积-剪切模量比(B/G)的微结构,而非设计有着特定模量和密度的微结构。Hassani[176]回顾总结了在微结构设计中用到的拓扑优化理论的发展。基于等效介质理论,A. C. Hladky-Henn 利用五模材料的负折射特性设计了水下声学超透镜。Layman[178]设计了一种一维五模超材料结构,并通过仿真验证了其微结构的声学特性。

五模材料具有广泛的应用价值,可用于实现力学隐身斗篷、超透镜、超表面等。Kadic 等人[179]在 2012 年利用激光直写技术首次制作出五模超材料实物。品质因数(B/G)是衡量五模超材料的重要参数,其越大说明压缩波剪切波的相互耦合越容易解除。2013 年,Kadic 等人[180]通过对宏观尺寸不同的五模超材料进行弹性性能测试从实验上验证了五模超材料的 B/G 可以达到 1000。同年,Kadic 课题组[181]研究了在三维五模材料中引入各向异性的几种可能性。

2014 年,武汉第二船舶研究所的 Wang 等人[182]尝试制造了五模式层状圆环形声学斗篷,之后研究了结构五模层数和厚度对隐身斗篷的影响,并分析了二维五模式超材料的力学和声学性质[183,184]。2015 年,Tian 等人[80]利用二维五模材料制作的超表面实现了对声波波前的宽频操控。同年 Hu 等人[185]设计了一种二维五模材料微结构,并使用这种微结构制作了声学斗篷,实现了宽频声隐身。2016 年,Wang 等人[186]设计了一类五模材料,其能带带隙的频率范围可以调节并具有很大的品质因数,可以用来设计声学斗篷并实现宽频可调的降噪功能。2018 年,Krushynska 等人[187]提出了一种设计策略,该策略用于设计具有可调声子晶体板和五模单元的混合超材料,使得该材料能产生弹性波的完全带隙,可应用于减振降噪领域。同年,Sun 等人[188]还通过五模材料实现了水声声波的弯曲。

第 2 章
宽带声学超材料

引言

传输效率是声学超材料的重要指标,早期声学超材料多基于局部共振机理实现等效本构参数的变化,这些基于局部共振的单元的传输效率易受黏热损耗的影响。2012 年,Liang 等提出声学高折射率材料可以通过使用具有亚波长宽度的卷曲通道折叠空间来实现[17],沿着这些卷曲通道,声波的传播相位可以任意延迟以模拟高折射率,然后可以在没有任何局部共振的情况下利用能带折叠由高折射率材料构建具有零折射率和负折射率的超材料。这种超材料设计避免了局部共振,因此损耗较低。然而,这种均匀折叠空间材料与背景介质之间存在较大的阻抗失配,这种单元仅在极窄频带内可以实现高透射率。

本章研究了超材料的宽带操控问题。在第一部分,对声学超材料的等效参数反演方法进行了介绍。在第二部分,为了解决传统均匀折叠空间超材料存在的带宽较小的问题,首先基于锥形设计实现了宽带的透射增强并分析了锥形迷宫单元的宽带透射机理。其次将锥形设计的思想引入传统均匀折叠空间超材料中,加入了折叠通道的梯度变化,采用声波导管理论进行该超材料的设计,并结合能带理论和等效介质理论对该材料的声学特性进行了分析。在第三部分给出了超材料在声波操纵中的应用。

2.1 声学超材料等效方法

各向同性介质的等效参数可以通过反演方法得到,在本章所采用的反演方法中,有效折射率 n 和阻抗 Z 从正入射在超材料平板上的平面波的反射系数 R

和透射系数 T 反演而来,等效密度和等效体积模量可由 n 和 Z 计算得出。

首先考虑声波垂直入射在具有密度 ρ_2 和声速 c_2 的流体平板上的平面波的反射系数 R 和透射系数 T。此具有密度 ρ_2 和声速 c_2 的介质位于两种不同介质之间,这两种介质的密度分别为 ρ_1、ρ_3,声速分别为 c_1、c_3,则有:

$$R=\frac{(Z_1+Z_2)(Z_2-Z_3)\mathrm{e}^{-2\mathrm{i}\phi}+(Z_1-Z_2)(Z_2+Z_3)}{(Z_1+Z_2)(Z_2-Z_3)\mathrm{e}^{-2\mathrm{i}\phi}+(Z_1-Z_2)(Z_2-Z_3)} \tag{2.1}$$

$$T=\frac{4Z_1Z_2}{(Z_1-Z_2)(Z_2-Z_3)\mathrm{e}^{-2\mathrm{i}\phi}+(Z_1+Z_2)(Z_2+Z_3)} \tag{2.2}$$

在这些方程中:$Z_i=\rho_i c_i/\cos\theta_i$ 是声阻抗,θ_i 是波矢与平板法线之间的角度;$\phi=\pi f d\cos\theta/c_2$ 是穿过层的相变,f 是声波的频率,d 是平板厚度。

对于平面波正入射在两侧具有相同介质的平板上的简化情况,反射系数和透射系数简化为

$$R=\frac{Z_2^2-Z_1^2}{Z_1^2+Z_2^2+2\mathrm{i}Z_1Z_2\cot\phi} \tag{2.3}$$

$$T=\frac{1+R}{\cos\phi-\dfrac{Z_2\mathrm{i}\sin\phi}{Z_1}} \tag{2.4}$$

将 $m=\rho_2/\rho_1$,$n=c_1/c_2$,$k=\omega/c_1$,$Z=\rho_2 c_2/(\rho_1 c_1)$ 代入,可以得到:

$$R=\frac{\tan(nkd)\left(\dfrac{1}{Z}-Z\right)\mathrm{i}}{2-\tan(nkd)\left(\dfrac{1}{Z}+Z\right)\mathrm{i}} \tag{2.5}$$

$$T=\frac{2}{\cos(nkd)\left[2-\tan(nkd)\left(\dfrac{1}{Z}+Z\right)\mathrm{i}\right]} \tag{2.6}$$

此时即得到了平板的反射系数 R 和透射系数 T 与平板介质的折射率 n 和声阻抗 Z 之间的方程组。通过反演公式(2.5)和公式(2.6)可以获得折射率 n 和声阻抗 Z:

$$n=\frac{\pm\cos^{-1}\left\{\dfrac{1}{2T}[1-(R^2-T^2)]\right\}}{kd}+\frac{2\pi m}{kd} \tag{2.7}$$

$$Z=\pm\sqrt{\frac{(1+R)^2-T^2}{(1-R)^2-T^2}} \tag{2.8}$$

其中：m 是 $\cos^{-1}$ 函数的分支数。从式（2.7）和式（2.8）可以看出，声阻抗和折射率都是复变量的复函数。在数学上，式（2.7）和式（2.8）中不同符号的组合和任一 m 都可能导致反射和透射系数具有相同值。这个问题可以通过对超材料属性施加额外的限制来解决。比如被动（无源）超材料需要 Z 的实部是正的，这决定了式（2.8）中的符号。此外，还需要一个正的虚声速分量，将 n 的虚部限制为负值。

这两个参数似乎是独立的，但仔细检查式（2.7）和式（2.8）可以发现这些式中的符号是相关的。当 $\text{Re}(Z)$ 或者 $\text{Im}(n)$ 接近于零，反射系数和透射系数的计算误差可能导致式（2.7）和式（2.8）中不正确的符号组合。这会使 n 和 Z 在频谱上产生不连续性。为了克服这个问题，将式（2.7）和式（2.8）重写为

$$Z = \frac{r}{1-2R+R^2-T^2} \tag{2.9}$$

$$n = \frac{-\text{ilg}\,x + 2\pi m}{kd} \tag{2.10}$$

其中

$$r = \mp\sqrt{(R^2-T^2-1)-4T^2}, \quad x = \frac{(1-R^2+T^2+r)}{2T}$$

在具体求解中首先求解 r，然后选择两个根中的一个产生 $\text{Re}(Z)$ 的正解。在 x 的表达式中使用这个 r 值消除 n 的符号的模糊性。这种计算方法可在频谱中提供一致的结果，并可以避免由于式（2.7）和式（2.8）中第二个符号的错误选择而导致的非物理解。$\text{Re}(n)$ 的值与所选择的 m 的值有关，而且，对于较厚的超材料，不同的 m 值可以使 n 的解彼此接近。分支数 m 的这个问题可以通过选择 m 为零的最小厚度超材料平板来避免。使用这种方法，只要频率步长足够小（考虑到高度色散的超材料），就可以根据 n 的连续性要求确定符号和分支数。

2.2 宽带声学超材料设计

2.2.1 锥形迷宫超材料

首先考虑具有锥形结构特性的迷宫单元来实现宽带高透射率。如图 2.1(a) 所示，与 Xie 等[76]提出的锥形迷宫结构类似，两块沿对数螺旋曲线 $r_{(\theta)} = H/2 \times$

$e^{a \times \theta} (0 < \theta < \theta_1)$ 分布的曲板将两块直板间的笔直空气通道分割为卷曲的空气通道。这里将空气通道分为入口段、出口段和中部由灰色阴影标注的过渡连接段。入口段和出口段关于单元中心对称,在两侧空气通道截面宽度与单元宽度相近,在向内延伸的过程中通道截面宽度逐渐变小,这两段通道喇叭状的外形特征有利于声能传输。而中间的过渡连接段在之前的设计中被忽略,连接段中通道截面宽度发生突变。由于连接段处于整体通道中宽度极窄、能量高度集中的位置,突变的通道截面宽度会引起声波传播横向分量失配,进而影响声波的传输效率。因此保留了锥形迷宫单元的入口段和出口段设计,在此基础上优化连接段以期实现宽带高透射率。

为了解决连接段通道宽度突变问题,提出了三种通道宽度连续变化的连接段构型,如图 2.1(b)~(d)所示。连接段两侧为入口段和出口段通道最窄处,宽度 $w = 2.2$ mm,连接段通道在两侧通道宽度 w 的基础上向中部按一定的宽度变化趋势延伸。单元 S_1 中通道宽度由两侧向中间逐渐变大,通道中部截面宽

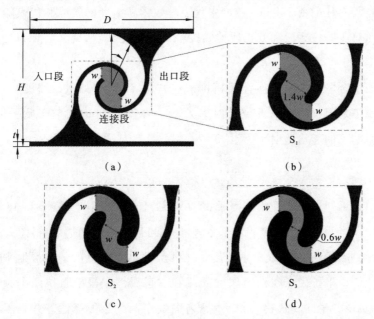

图 2.1 (a) 原始锥形迷宫结构示意图,其中中部灰色阴影区域为通道连接段;(b) 连接段通道宽度逐渐变大的单元 S_1 放大图;(c) 连接段通道宽度保持不变的 S_2 放大图;(d) 连接段通道宽度逐渐变小的 S_3 放大图

度约为 $1.4w$。单元 S_2 中通道宽度保持 w 不变。单元 S_3 中通道宽度由两侧向中间逐渐变小，通道中部截面宽度约为 $0.6w$。这三种单元在通道宽度上有所区别，但在通道长度上保持一致。

基于有限元仿真和等效参数反演，得到了三种构型的锥形迷宫单元，在 $3500\sim5400$ Hz 频率范围内的等效声学属性分别如图 2.2(a)～(c)所示，透射率分别如图 2.2(d)～(f)所示。三种构型单元的透射曲线均具有双峰特征，总体上单元 S_1 在 $3310\sim5570$ Hz 的频率范围内透射率高于 76%，单元 S_2 在 $3540\sim5200$ Hz 的频率范围内透射率高于 89%，单元 S_3 在 $3760\sim4830$ Hz 的频率范围内具有高于 97% 的极高透射率。同时基于单元的等效折射率 N_{eff} 和等效阻抗 Z_{eff}，通过 $\rho_{eff} = N_{eff}Z_{eff}$ 和 $B_{eff} = N_{eff}/Z_{eff}$ 可以得到单元的归一化等效密度 ρ_{eff} 和归一化等效体积柔度 B_{eff}，如图 2.3(a)～(c)所示。三种构造单元的等效密度曲线和等效体积柔度曲线均在 $3500\sim5400$ Hz 的频率区间内由负转正，由等效密度和体积柔度的正负性可以划分为双负属性频段、单负属性频段和双正属性频段。其中图 2.3(a)～(c)中代表等效体积柔度的实线和代表等效密度的虚线在双负属性频段和双正属性频段各有一个交叉点，交叉点频率处单元的阻抗匹配。

下面结合单元的等效属性分析锥形迷宫单元的宽带高透射机理。将单元视为一块等效阻抗为 Z_{eff}、等效折射率为 N_{eff}、厚度为 D 的均匀介质平板，其在正入射激励下的能量透射率为

$$\mathrm{TE} = \frac{4}{4 + (Z_{eff} - 1/Z_{eff})^2 \sin^2(k_0 D N_{eff})} \tag{2.11}$$

由式(2.11)可知透射率受阻抗因子 $(Z_{eff} - 1/Z_{eff})^2$ 和折射率因子 $\sin^2(k_0 D N_{eff})$ 乘积影响。当两个因子的乘积趋于零时，单元可以实现较高透射率，图 2.2(d)～(f)中红色曲线和绿色曲线分别给出了三种构型单元阻抗因子和折射率因子在频段内的值。阻抗因子在双负属性频段和双正属性频段中阻抗匹配频率点取零，单元实现能量的全透射，对应于透射曲线中两个透射峰值。并且阻抗匹配频率点附近的一定带宽内阻抗因子极小，单元透射率可以维持较高值。

而在频率由双负(双正)属性频段过渡到单负属性频段时，单元等效阻抗逐渐与背景介质失配。阻抗因子 $(Z_{eff} - 1/Z_{eff})^2$ 在等效密度和等效体积柔度零点

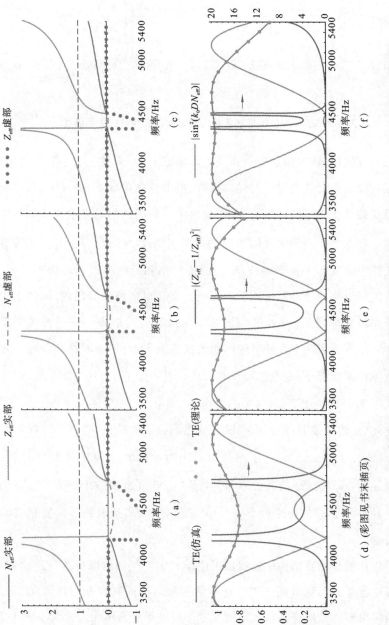

图 2.2 （a）~（c）三种构型锥迷宫单元的等效阻抗和等效折射率；（d）~（f）三种构型锥形迷宫单元的透射率以及影响航向率的阻抗因子$(Z_{eff}-1/Z_{eff})^2$和折射率因子$\sin^2(k_0DN_{eff})$

（d）（彩图见书末插页）

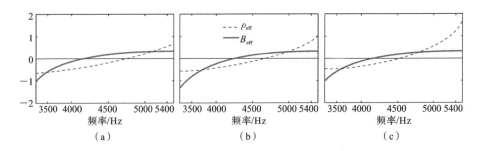

图 2.3　三种构型锥形迷宫单元的等效密度和等效体积柔度

频率附近具有极端值,最终在单负频段中部稳定于 4。总体上由于阻抗的失配,单负属性频段是单元高透射带的局部低谷,但即使在单元 S_1 中,单元在单负属性频段仍保持 76% 的高透射率。此频段内单元的高透射效果主要依赖于单元的近零密度和近零体积柔度共同决定的近零折射率 $N_{\text{eff}} = \sqrt{B_{\text{eff}}\rho_{\text{eff}}}$。在等效密度和等效体积柔度零点频率附近,单元的折射率和折射率因子均接近于零,弱化了阻抗失配引起的极端阻抗因子的影响。而在单负属性频段内,同样由于单元折射率和折射率因子极小,单元仍可以保持较高透射率。在三种构型单元中,单元 S_3 中等效密度零点和等效体积柔度零点更近,单负属性频段内等效密度和等效体积柔度更小,在单负属性频带内折射率因子小于 0.02,单元 S_3 由此实现了大于 97% 的透射率。

在单元 S_3 的基础上,保留连接段通道逐渐收缩的特征,将连接段通道长度由 10 mm 延长至 15 mm,设计了图 2.4(a)中所示的单元 S_4。图 2.4(a)和(b)对比了单元 S_3 和单元 S_4 的透射率和等效阻抗,单元 S_4 在 3600～4620 Hz 的宽带范围内具有大于 97% 的透射率。与单元 S_3 相比,高透射频带向低频移动了近 200 Hz。

通过优化锥形迷宫结构中连接段可使单元中空气通道保持宽度连续变化,实现锥形迷宫单元的宽带高透射。在高透射频带内同时存在阻抗匹配和近零折射率两种机理。虽然连接段的空间尺寸不足锥形迷宫单元尺寸大小的 1/10,但单元的透射性能对连接段通道变化比较敏感。连接段通道形状的改变可以调节高透射频带的效率,而通道长度的改变可以调节高透射频带的频率位置。

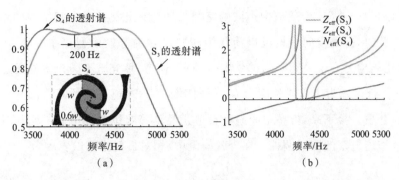

（a）　　　　　　　　　　　　（b）

图 2.4　（a）单元 S_4 的透射谱和单元 S_3 的透射谱；（b）单元 S_4 的等效折射率和等效阻抗

2.2.2　梯度折叠空间超材料

将上述锥形迷宫超材料的设计思想引入传统的二维折叠空间超材料来构造梯度折叠空间单元可以实现更加丰富的应用。

所设计的梯度折叠空间单元如图 2.5(a)所示，厚度为 t 的刚性固体板放置在背景流体中以形成"之"字形通道，其中每个通道的宽度 a_i 为设计变量，并将根据高透射率和具体折射率条件导出。为了简化设计且不失一般性，在下面的讨论中仅使用两个不同的通道宽度值，用 a_1 和 a_2 表示。

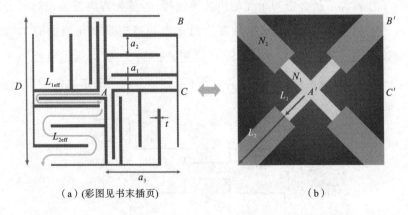

（a）(彩图见书末插页)　　　　　　　　（b）

图 2.5　（a）梯度折叠空间单元结构图；（b）梯度折叠空间超材料单元示意图

由于声波是一种纵波，在通道宽度低于 0.5 倍的声波波长时，声波在通道内的传播主要受通道横截面和通道长度的影响，而与通道的具体路径无关。因此,可以根据"之"字形通道中声波的路径长度计算此类折叠空间结构的相对折射率。此时,折叠空间结构可以简化为相同尺寸的等效模型。如图 2.5(b)所示,简化结构为一个填充有两种介质的"X"形通道,填充着不同介质的通道的长度为 L_1,折射率为 N_1,或长度为 L_2,折射率为 N_2,通道外部的其余部分代表刚性固体介质。接下来,折叠空间超材料单元及其等效模型被用来研究其对等效折射率和透射率的同时调控。在等效模型中,相对折射率可以表示为

$$N_i = \frac{L_{ieff}}{L_i} \quad (i=1,2) \tag{2.12}$$

式中:L_{ieff} 表示图 2.5(a)中橙色箭头所示的轨迹长度,可以估算为 $L_{ieff} \approx n_i l_i$,其中 n_i 表示通道折叠次数,l_i 表示每个折叠分支的长度,可以通过 $l_i = D/2 + (\pi/2-2)a_i$ 计算得出。

此外,声波在经过该等效模型时的相位变化 φ 与 N_i 有关,即 $\varphi = 2\pi \cdot 2(N_1 L_1 + N_2 L_2)/\lambda$,其中 λ 是声波的波长。同时,该超材料单元的有效折射率可以估算为

$$N_{eff} = \frac{\lambda(\varphi-2\pi)}{2\pi D} \tag{2.13}$$

式(2.13)建立了 N_i 和 N_{eff} 之间的联系。

为了计算梯度折叠空间单元的声波传输特性,首先将声波传输路径分解为图 2.6 所示的连接管结构,其中具有相同宽度的通道具有相同的有效路径长度。假设结构的两端(宽度 S_1 和 S_8 的通道)无限长。因为通道宽度小于声波波长的一半,所以通道内的声场只存在平面波模式,在两通道之间的交界面,压

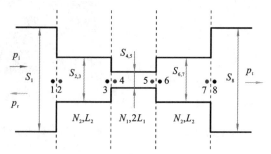

图 2.6　声波在超材料内的传输路径

力和体速度的连续性条件可以分别表示为[146,147]

$$p_n = p_{n+1} \tag{2.14}$$

$$v_n = v_{n+1} \quad (n=1,3,5,7) \tag{2.15}$$

根据定义,声阻抗与体速度之间的关系为:$z_n = \dfrac{p_n}{v_n} = \dfrac{p_n}{U_n} S_n$。其中 v_n 表示质点速度,U_n 表示体速度,S_n 表示靠近标记为 n 的通道交界面的通道横截面面积,则式(2.15)可以替换为

$$\frac{z_n}{S_n} = \frac{z_{n+1}}{S_{n+1}} \tag{2.16}$$

由于通道宽度比工作波长小得多,所以在通道中只存在平面波,压力场和速度场可以表示为

$$P(x,t) = P_+ e^{j(\omega t - kx)} + P_- e^{j(\omega t + kx)} \tag{2.17}$$

$$v(x,t) = \frac{1}{\rho c} (P_+ e^{j(\omega t - kx)} + P_- e^{j(\omega t + kx)}) \tag{2.18}$$

其中:ω 为平面波的角频率;$k=2\pi/\lambda$ 为波数;P_+ 和 P_- 分别代表向前和向后传播的声波的系数。在一段通道内,通道两端的声压和阻抗可以表示为

$$p_{n+1} = \frac{p_n}{z_n} [z_n \cos(kL_n) - i\rho c \sin(kL_n)] \tag{2.19}$$

$$z_n = \rho c \frac{z_{n+1} \cos(kL_n) - i\rho c \sin(kL_n)}{\rho c \cos(kL_n) - i z_{n+1} \sin(kL_n)} \quad (n=2,4,6,8) \tag{2.20}$$

其中:ρ 为介质的密度;c 为声波传播速度。在入口处,即截面 1 处,声压和阻抗可以表示为

$$p_1 = p_i + p_r \tag{2.21}$$

$$z_1 = \frac{p_1}{v_1} = \frac{\rho c(p_i + p_r)}{p_i - p_r} \tag{2.22}$$

因此,入射波与截面 1 处的声压之间的关系可表示为

$$p_1 = \frac{2p_i}{1 + \dfrac{\rho c}{z_1}} \tag{2.23}$$

在管的出口处不存在阻抗失配,没有向左传播的声波,因此:

$$p_8 = p_t \tag{2.24}$$

结构的声透射率和反射率为

$$T = \frac{p_t}{p_i} \tag{2.25}$$

$$R = \frac{p_r}{p_i} \tag{2.26}$$

基于以上求解方法,当在图 2.6 中设置 $S_1 = S_8 = a_3 = 0.5D$,并通过设置使梯度通道宽度满足阻抗匹配条件 $a_2 = \sqrt{a_1 a_3}$ 时,该梯度折叠空间超材料单元的反射系数可以计算得:

$$R = \frac{(a_3 - a_1)\sqrt{a_1 a_3}\cos2\phi_1\sin2\phi_2 + (a_3 + a_1)\cos^2\phi_2\sin2\phi_1}{\sqrt{\alpha^2 + \beta^2}} \tag{2.27}$$

在式(2.27)中:

$$\alpha = \sqrt{a_1 a_3}(a_1 + a_3)\cos2\phi_1\sin2\phi_2 + (a_1^2 + a_3^2)\cos^2\phi_2\sin2\phi_1 - 2a_1 a_3\sin^2\phi_2\sin2\phi_1$$

$$\beta = -2a_1 a_3\cos^2\phi_2\cos2\phi_1 + 2a_1 a_3\cos2\phi_1\sin^2\phi_2 + \sqrt{a_1 a_3}(a_1 + a_3)\sin2\phi_2\sin2\phi_1$$

其中,$\phi_i = kN_iL_i$,k 为背景介质中的波数。为了得到低反射率的超材料,R 要尽可能地小。假设 $R = 0$,即:

$$(a_3 - a_1)\sqrt{a_1 a_3}\cos2\phi_1\sin2\phi_2 + (a_3 + a_1)\cos^2\phi_2\sin2\phi_1 = 0 \tag{2.28}$$

考虑到在折叠空间超材料单元中 a_1 不等于 a_3,可以看出式(2.28)明显有解:$\cos\phi_2 = 0$。这意味着宽度为 a_2 的通道必须满足 $N_2L_2 = \lambda/4$。再考虑到该超材料单元中的几何限制 $n_1 a_1 + n_2 a_2 + (n_1 + n_2)t = D/2$,即可得到能够实现特定折射率和高透射率的超材料单元的几何参数。值得注意的是,应适当调整单元的宽度 t,以使通道折叠次数 n_i 满足整数要求。此外,式(2.28)还有另外一个解:$2\sqrt{a_1 a_3}/[(a_1 + a_3)\tan\phi_2] = -\tan2\phi_1$,该解对应的波长为 λ'。通常来说 λ' 和 λ 并不相同,但是可以通过合理设计使两者非常接近,这为实现该材料在较宽频段内的高透射性能提供了可能。

为了证明这种设计方法可以同时实现特定折射率和高透射率,选择有效折射率 $N_{eff} = -1$ 和归一化工作频率 $\omega D/(2\pi c) = 0.175$(对应于波长 $\lambda = D/0.175$)。根据前述的公式,该梯度折叠空间超材料单元的几何参数可以计算出,为 $t = 0.02D$、$a_1 = 0.032D$ 和 $a_2 = 0.112D$,通道折叠次数为 $n_1 = 2$ 和 $n_2 = 3$,具有这些参数的最终超材料结构如图 2.5(a)所示。尽管该超材料是在频率 $\omega D/(2\pi c) = 0.175$ 下设计的,但它可以在另一个频率下实现全透射。根据式

(2.28)，可以获得存在全透射的另一个频率，即 $\omega_D/(2\pi c)=0.158$，对应于波长 λ'。在这两个频率之间可以实现负的有效折射率和声波全透射，这意味着此梯度折叠空间超材料是在一定带宽内有效的。

为了检验该设计的有效性，基于 COMSOL Multiphysics 的数值仿真被应用于计算此梯度折叠空间超材料的能带结构。在该数值求解过程中，超材料的有限元模型的边界添加了 Floquet 边界条件，在给定波矢的情况下用本征频率求解器求解该模型的本征频率即可得到材料的能带结构。此梯度折叠空间超材料的能带结构如图 2.7(a)所示。从能带图可以看出第二能带在高对称点 Γ 附近具有负斜率，这意味着出现负折射属性。此外，能带图中的虚线表示背景流体的直线色散曲线。可以看出，在频率为 0.173 时，该色散曲线同时与 ΓX 和 ΓM 方向上的第二能带相交，这意味着在该频率下将出现 $N_{\text{eff}}=-1$ 的负折射，这与预设的工作频率 0.175 非常接近。

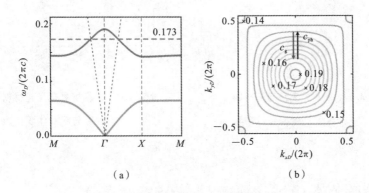

图 2.7　(a) 梯度折叠空间超材料能带图；(b) 梯度折叠空间超材料第二能带的等频率图

图 2.7(b)展示了第二能带的等频率图，也是通过有限元方法计算得出的。从该等频率图可以看出，当频率高于 0.15 时，材料的等频率图半径变化在 5% 以内，近乎是圆形。这表明，此类梯度折叠空间超材料在 0.16 到 0.2 的频带中具有各向同性折射率。此外，等频率图的半径随着频率增加而逐渐减小，并在 0.19 成为一个点，这是零折射率材料的特征。

该梯度折叠空间超材料的等效折射率 N 和声波透射率 t 的计算结果如图 2.8 所示，该结果表明等效折射率 N 在 0.14～0.19 的频率范围内是色散的。具体来讲 N 随着工作频率的增加大致呈线性增加，在该频带内从 -3.5 逐渐变化到 0。为了进行比较，图 2.8 中也用虚线给出了 N_B，即用能带图中 ΓX 方向的色散计算得到的折射率。对比两者可以看出 N_B 与 N 吻合得很好。与等效折射率 N 相比，材料对声波的透射率 t 在该频段内变化非常小，其值始终接近 1。该频段内的这种高透射性能很好地证明了式(2.27)预测的低反射特性。

材料的有效密度和体积模量可以通过 $\rho=NZ$ 和 $B=Z/N$ 得出，其结果如图 2.9 所示。可以看出，在低于 0.188 的频率范围内，该超材料的等效密度和等效体积模量同时为负值。在 0.188 频率点，材料等效密度 $\rho=0$，等效体积模量 $B=-1.8$，这使得材料在该频率的折射率为 0。

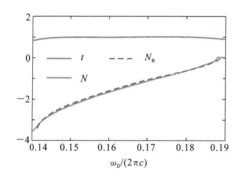

图 2.8　梯度折叠空间超材料
等效折射率与透射率

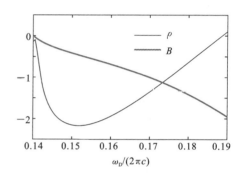

图 2.9　梯度折叠空间超材料等效
密度与等效体积模量

2.3　超材料应用

2.3.1　负折射

为了验证所提出的梯度折叠空间超材料的折射率和高透射率，使用梯度折叠空间超材料设计声学棱镜，并以有限元方法对该棱镜的效果进行全波模拟。图 2.10 显示了声学棱镜在声波激励下的压力场。

该声学棱镜宽度为 $40D$，单位振幅的高斯波束从左侧以频率 0.173，0.165，0.154(分别对应于等效折射率 N 为 -1，-1.41，-2)入射到棱镜上。从图2.10(a)中可以看到透射光束从斜边以 $-45°$ 的折射角离开棱镜；在图 2.10(b)中，透

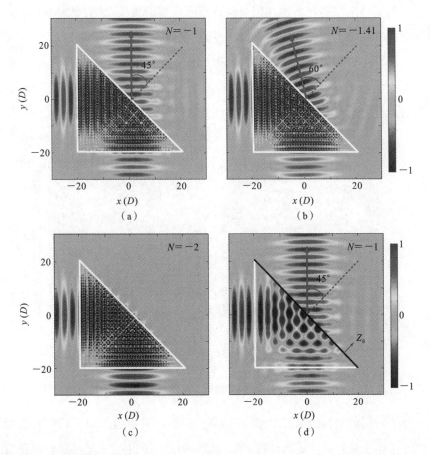

图 2.10　声学棱镜在频率为(a)、(d)0.173,(b)0.165,(c)0.154 的高斯波入射下的声场

射光束从斜边以−60°的折射角离开棱镜;而在图 2.10(c)中,透射光束在棱镜斜边发生了全反射。这些结果与预测结果相同,亦与能带结构和等频率图的分析吻合。此外,该棱镜左侧的反射波振幅小于 0.2(由于与入射波干涉,图中显示的值小于 1),因此,棱镜左侧表面的声波透射系数非常大(超过 95%)。同时注意到,尽管棱镜左侧透射率较高,但图 2.10(a)中负折射波的声压幅值仅为 0.75,也就是说仅包含了 56% 的能量。这种斜边上的透射减弱是因为斜边上的几何结构使得材料的等效阻抗发生了变化,即相当于图 2.6 中的 S_8 变大了 $\sqrt{2}$ 倍。如果在具有 $N=-1$ 和 $Z=1$ 的理想材料构成的棱镜斜边加上阻抗 $Z_s=\sqrt{2}$,两者将有相同的效果,如图 2.10(d)所示。

均匀折叠空间超材料也被用来构造相同尺寸的棱镜(均匀折叠空间超材料中通道宽度在整个折叠结构中保持不变)。两种单元在对应 $N=-1$ 的频率的声波入射下的声场如图 2.11 所示。在由均匀折叠空间超材料构成的棱镜中,入射光束出现了预期的负折射,但只有不到 10% 的输入能量沿所需方向传输,其余的能量将反射。因此,本节所提出的梯度设计能有效提高透射率。

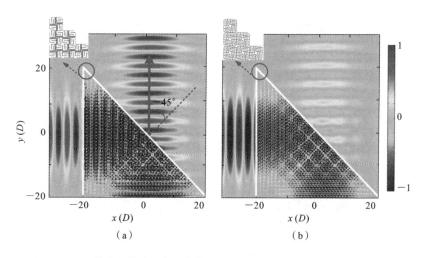

图 2.11 (a)梯度折叠空间超材料与(b)均匀折叠空间超材料透射效果对比

为了避免棱镜斜边锯齿状结构的影响,采用不带斜边的矩形超材料板能更好地证明梯度单元的高透射性能,图 2.12(a)给出了由声波入射到矩形超材料

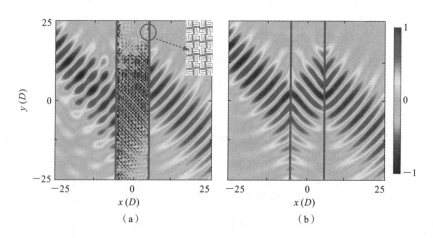

图 2.12 声波入射到(a)超材料平板和(b)理想介质平板上的声场

板上产生的声压场。其中使用的声波的频率为 0.173，入射角为 45°。图 2.12
(b)给出了相同尺寸矩形板的结果，该板由 $\rho = B = -1$ 的理想介质构成。尽管
一些散射波(振幅小于 0.2)出现在超材料平板的左侧，这与图 2.12(b)中所示
的完美折射略有不同。但是超材料平板右侧的折射波声压场在相位和振幅上
与理想介质平板右侧的折射波声压场几乎相同。图 2.12(a)和图 2.12(b)之间
折射波的振幅比高于 0.98，表明能量损失小于 4%。

2.3.2　定向发射

该梯度折叠空间单元在 0.188 频率上具有等效零折射率属性，可被用于声
波定向发射。用基于 COMSOL Multiphysics 的有限元仿真检验超材料的定向
发射性能，用梯度折叠空间单元构造尺寸为 $11D \times 11D$ 的正方形平板，并将频
率为 0.188 的声源放置在平板中心(图 2.13(a)所示圆点)。该声源为半径为
$D/50$ 的圆圈，其圆周上均匀分布着归一化的法向振速，由于其尺寸远小于工作
波长，因此可视为点源。该点源经过超材料后的辐射声场如图 2.13(a)所示。
从图中可以看出，几乎所有的声波都沿着 x 轴方向和 y 轴方向射出。图 2.13
(b)进一步给出了辐射声场的归一化远场声强分布，可以看出远场声强也具有
很好的指向性，其指向性图中主瓣的半能量角宽度为 17°。

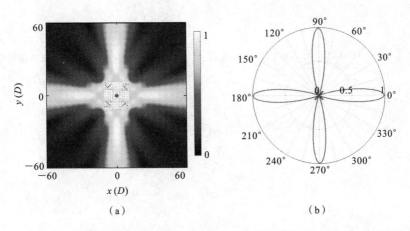

图 2.13　(a) 点源经过超材料后的辐射声场；(b) 点源经过超材料后的远场声
　　　强指向性

图 2.14(a)给出了点源经过超材料后的声压场,可以看到辐射波束的波前几乎平行于超材料板的表面,这与点源在自由场辐射的弧形波前不同。为进一步揭示该材料实现声波定向发射的内在机理,在图 2.14(b)中给出了图 2.14 (a)所示声场的傅里叶谱。图中的 k_0 为频率为 0.188 的声波在背景介质中的波数。在傅里叶谱中可以看到声场中有 5 个主要的波分量,分别位于(0,0), $(0,\pm1),(\pm1,0)$。偏离原点的四个较弱的点分别对应声压场中背景介质中的四个辐射波束,而位于中心较强的点代表超材料中的声场。由此可以看出,声波在超材料中的波数接近于 0,也就是说声波在该材料中传播时几乎没有相位变化,此时超材料的表面可视为由小点源构成的线性阵列,能够增强点源的指向性。

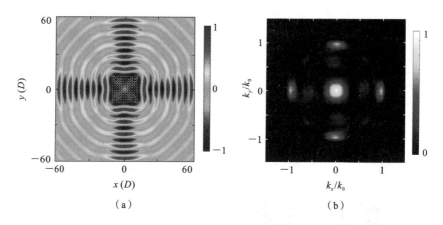

图 2.14 (a)点源经过超材料后的声压场;(b)点源经过超材料后的声压场傅里叶谱

第 3 章
各向异性声学超材料

引言

大部分变换光/声学设计有赖于各向异性材料。理论研究已经表明,利用特定的各向异性材料,可以实现声波隐身、定向发射、大角度弯曲波导、声二极管等应用。具有强各向异性的各向异性零折射率材料在这些应用中扮演着重要角色。在电磁领域,各向异性零折射率材料已通过层状结构设计得到,并实现了定向发射和弯曲波导等应用,然而有关声学各向异性零折射率材料的设计仍然少见报道。受电磁各向异性零折射率材料设计的启发,本章基于层状结构设计了两种各向异性零折射率材料,并采用参数反演方法得到了材料的等效体积模量和各向异性等效密度。最后给出了材料用于定向发射的仿真和实验验证。

3.1 各向异性声学超材料等效方法

对于各向异性声学超材料,其等频率曲线可表示为 $k_x^2 \rho_x^{-1} + k_y^2 \rho_y^{-1} = k_0^2 B^{-1}$,其中 ρ_x 和 ρ_y 是 x 和 y 方向上的等效密度,B 是等效体积模量,这些等效本构参数可以通过反演方法获得。

对于各向异性材料,其等效密度张量 $\boldsymbol{\rho}_{\mathrm{eff}}$ 可表示为

$$\boldsymbol{\rho}_{\mathrm{eff}} = \begin{bmatrix} \rho_x & \rho_{xy} \\ \rho_{xy} & \rho_y \end{bmatrix} = \begin{bmatrix} \rho_x'^{-1} & \rho_{xy}'^{-1} \\ \rho_{xy}'^{-1} & \rho_y'^{-1} \end{bmatrix}^{-1} \tag{3.1}$$

ρ_x,ρ_y,ρ_{xy} 这三个等效密度分量需要引入三个从不同方向上入射的平面波进行反演才能得出。如图 3.1 所示,三个射波分别为从 y 轴正方向正入射的声波

（入射波 A）。从 y 轴正方向斜入射的声波（入射波 B）以及从 y 轴反方向斜入射的声波（入射波 C）。

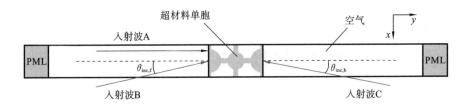

图 3.1　模型等效参数反演示意图

注：$\theta_{\mathrm{inc,f}}$—前向入射角；$\theta_{\mathrm{inc,b}}$—后向入射角

典型各向异性超材料单胞对称轴为 x 轴和 y 轴，因此其对角方向的等效密度为零，即 $\rho_{xy}=0$。当入射波 A（其入射角为 0°）射入超材料时，声波波矢在 x 方向上的分量为零，即 $k_x=0$，此时有

$$k_y^2\rho_y^{-1}=k_0^2 B^{-1} \tag{3.2}$$

参考各向同性介质等效参数反演方法中的式（2.7），在 y 方向上的声波波矢分量 k_y 和等效声阻抗 $Z=k_y\rho_y^{-1}/(k_0\rho_0^{-1})$ 可以计算为

$$k_y=\frac{1}{d}\cos^{-1}\left(\frac{1-R_n^2+\widetilde{T}_n^2}{2\widetilde{T}_n^2}\right)+\frac{2\pi m}{d} \tag{3.3}$$

$$Z^2=\frac{(1+R_n)^2-\widetilde{T}_n^2}{(1-R_n)^2-\widetilde{T}_n^2} \tag{3.4}$$

其中：d 是超材料单胞的宽度；R_n 是反射系数；$\widetilde{T}_n$ 是归一化的透射系数，定义为 $\widetilde{T}_n=T_n\mathrm{e}^{-jk_0 y d}$；$m$ 是函数 $\cos^{-1}$ 的分支数，分支数 m 的值由声波穿过超材料单胞时的相位改变量决定。联立式（3.2）到式（3.4）即可解出 ρ_y 和 B。

当入射波 B 和入射波 C 射入超材料时，可以得到前向反射系数 R_f 和透射系数 T_f，以及后向反射系数 R_b 和透射系数 T_b。为了通过反演得到未知的等效密度分量，需要得到 x 方向上的波矢分量 k_{fx} 和 k_{bx}，这两个波矢分量可以通过求解传递矩阵 $\boldsymbol{T}$ 的特征值得到。

$$\boldsymbol{T}=\begin{bmatrix} p(0) & p'(0) \\ v_x(0) & v'_x(0) \end{bmatrix}\begin{bmatrix} p(d) & p'(d) \\ v_x(d) & v'_x(d) \end{bmatrix}^{-1} \tag{3.5}$$

式中：

$$p(0) = 1 + R_f, \quad v_x(0) = \frac{k_{0x}}{\omega} \rho_0^{-1}(1 - R_f)$$

$$p(d) = T_f \exp(-jk_{0x}d), \quad v_x(d) = \frac{k_{0x}}{\omega} \rho_0^{-1} T_f \exp(-jk_{0x}d)$$

$$p'(0) = T_b, \quad v'_x(0) = \frac{k_{0x}}{\omega} \rho_0^{-1} T_b$$

$$p'(d) = R_b \exp(-jk_{0x}d) + \exp(jk_{0x}d)$$

$$v'_x(d) = \frac{k_{0x}}{\omega} \rho_0^{-1} [R_b \exp(-jk_{0x}d) - \exp(jk_{0x}d)]$$

其中：$k_{0y} = k_0 \cos\theta$ 为空气中声波波矢在 y 方向上的分量。

需要注意的是，在此方法中斜入射角 θ 应该小于超材料界面的临界角 θ_c，从而避免发生全反射导致无法提取透射系数。传递矩阵 $\boldsymbol{T}$ 的两个特征值分别为 $\exp(jk_{fy}d)$ 和 $\exp(jk_{by}d)$，由此可以解出：

$$\rho'^{-1}_x = \frac{1}{k_{0x}^2}\left(\frac{\omega^2}{B} - \rho_y^{-1}k_{fy}k_{by}\right) \tag{3.6}$$

其中：k_{0x} 为空气中声波波矢在 x 方向上的分量，其表达式为 $k_{0x} = k_0 \sin\theta$。

对于上述提到的一系列透射系数和反射系数 T_n、T_f、T_b、R_n、R_f、R_b，可采用有限元法来进行仿真计算。如图 3.1 所示，引入声压为 1 Pa 的入射波 A、入射波 B 和入射波 C 作用于仿真域中，在 y 方向的两边界处添加完美匹配层以模拟无反射边界。在仿真计算域的 x 方向的边界设置 Floquet 周期性边界条件以模拟单元在 x 方向上的周期性排布。整个系统在特定频率下的声压场可以由仿真计算得出，由此可计算出上述透射系数和反射系数的数值解。

3.2　各向异性超材料设计

3.2.1　基于层状散射体的各向异性超材料

受电磁各向异性超材料的启发，一个直观的思路是利用层状结构实现声学各向异性超材料。图 3.2 为所设计的超材料单胞示意图，所设计的超材料由该单胞经周期性排布而成。该超材料单胞中部由 4 个长度为 e、宽度为 g 的方块两上两下对称分布组成，左右方块间距为 m，上下方块间距为 c_2，上下方块与单胞边缘的间距为 $(w-c_2-2g)/2$。超材料单胞边缘处由 4 个长度为 $(w-c_1)/2$、宽度为 b 的方块两上两下对称贴紧单胞四角组成，上下方块的间距为 c_1。整个单胞结构左右及上下对称。

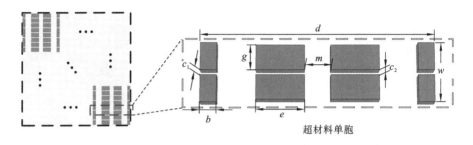

图 3.2　各向异性零密度超材料单胞设计示意图

　　超材料单胞结构的几何尺寸如下，单胞的长度 $d=72$ mm，单胞的宽度 $w=18$ mm，上下方块间隙 $c_1=c_2=1.5$ mm，中间区域左右方块的间距 $m=8$ mm，中间区域方块的长度 $e=15$ mm 以及宽度 $g=7.5$ mm。方块的材料为聚乳酸（PLA），该材料的密度为 $\rho_{PLA}=1250$ kg/m³，材料中声音的传播速度为 $c_{PLA}=1743$ m/s。空气的密度为 $\rho_0=1.225$ kg/m³，空气中声音的传播速度为 $c_0=343$ m/s。

　　利用上节给出的反演方法得到了超材料的等效参数。图 3.3 所示为反演得到的等效频率分量随频率变化的曲线。虚线表示的是 x 方向上的等效密度 ρ_x，用绝对值表示，变化范围在 0 至 10 之间。实线表示的是 y 方向上的等效密

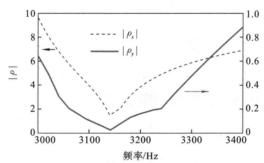

图 3.3　等效密度分量随频率变化曲线

度 ρ_y，用绝对值表示，变化范围在 0 至 1 之间。上述等效密度分量为归一化后的值（即等效密度与空气密度的比值）。

从图 3.3 中可以注意到两个等效密度分量 $|\rho_x|$ 和 $|\rho_y|$ 在 3000～3400 Hz 的频率范围间均呈现先下降再上升的趋势。其中 y 方向上的等效密度绝对值 $|\rho_y|$ 在 3100～3200 Hz 的频率范围之间的值趋近于零，在 3140 Hz 处有最小值，为 0.031。与此同时，在 3100～3200 Hz 的频率范围间，x 方向上的等效密度绝对值 $|\rho_x|$ 远大于 y 方向上的等效密度绝对值 $|\rho_y|$（48.9 倍），在 3140 Hz 处取得最小值 1.515。另外，通过参数反演法可计算出 3140 Hz 时的等效体积模量为 $B_{\text{eff}}=0.321$，此时的等效折射率分量也可以计算出来，为 $n_x=2.2$ 以及 $n_y=0.3$。据此可以计算出超材料同空气交界面临界角 $\theta_{\text{ic}}=27°$，则对应的超材料倾斜界面的最大倾斜角为 63°。

有了上述等效参数，可以构建特定频率下超材料的声学等效介质，如图 3.4 所示。在有限元商用软件 COMSOL v5.6 中，建立好等效介质的计算域，在压力声学-频域物理场下的各向异性声学窗口中输入各等效参数（复数值），$\rho_x=1.515+2.768\times10^{-4}\text{i}$，$\rho_y=0.031+5.257\times10^{-6}\text{i}$，$B_{\text{eff}}=0.321+6.054\times10^{-5}\text{i}$，从而构建出超材料在 3140 Hz 下的声学等效介质。

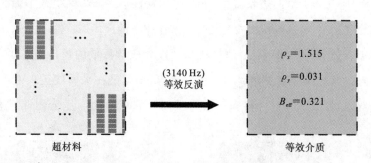

图 3.4　等效介质构建示意图

可通过比较超材料和等效介质的声传播特性来验证等效的有效性。首先，选取与所设计的超材料尺寸相同的均匀各向异性等效介质，通过比较它们的透射率来验证上述等效的有效性。等效介质的透射率 T' 可通过下式计算：

$$T'=\frac{4}{4\cos^2 k_x d+(R_{0x}+1/R_{0x})^2\sin^2 k_x d} \tag{3.7}$$

其中：$R_{0x}=\rho_{xx}c_x/(\rho_0 c_0)$；$d$ 是等效介质层的宽度。

与此同时,超材料的透射率 T 可以在有限元仿真域中通过入射声压和透射声压计算得出。图 3.5 所示为超材料及其等效介质的透射率对比图,在 2600～3600 Hz 的频率范围内,超材料和等效介质的透射率曲线均呈现先上升再下降的趋势。注意到两者的透射率在 3140 Hz 达到峰值,等效介质的透射率 T' 最大值为 0.95,而超材料的透射率 T 最大值为 0.98,两者接近且趋近于 1。其他频率下两者透射率也基本一致,这说明了该等效反演参数的准确性。

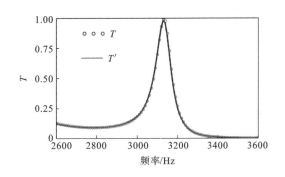

图 3.5　超材料及其等效介质透射率对比

然后在有限元软件中分别设置超材料和等效介质的计算域,左右两端设置完美匹配层(PML),上下两边设置 Floquet 型周期性边界条件。引入平面波射入超材料和等效介质,仿真模拟出两者在平面波作用下的声传播特性。图 3.6 所示为平面波正入射和斜入射(5°)下超材料和等效介质计算域的模拟声压场,两种入射波的入射角均小于临界角(θ_{cr})。可以看出,不管是在平面波正入射下还是在平面波斜入射(5°)下,超材料和等效介质的计算域内的声压云图非常相似,二

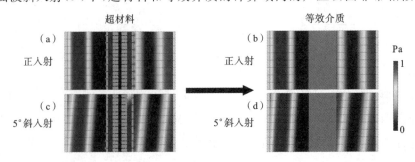

图 3.6　平面波声传播特性对比:(a) 超材料正入射;(b) 等效介质正入射;(c) 超材料 5°斜入射;(d) 等效介质 5°斜入射

者的声传播特性保持一致。

对式(3.7)进行分析可知,有两种方式出现高透射特性(透射率接近1)。一种方式来自阻抗匹配条件 $Z_0 = Z_x$,这种条件即 $R_{0x} = 1$。另外一种方式是基于Fabry-Pérot共振条件 $k_x d = n\pi (n = 1, 2, 3, \cdots)$,这种方式可以解释本章中超材料出现的高透射率情况。在图3.6中注意到超材料中声波的波长为 $d \approx 3\lambda_x/2$,满足上述共振条件。总而言之,上述对比验证了等效参数的准确性,也说明了所设计超材料的确为各向异性零密度超材料。

3.2.2 基于腔-通道网格的各向异性超材料

基于层状散射体的各向异性超材料单元性质难以采用解析方法得到。腔-通道网格结构因其可等效为 LC 电路而有助于简化设计,因此接下来尝试利用腔-通道网格结构实现各向异性超材料,其几何形状为图3.7(a)所示的由刚性壁(黄色区域)包围的两种不同直径的空腔 D_1 和 D_2 构成的二维层状结构。相邻腔体中心之间的距离为 a_1,由宽度为 w_1(沿 y 方向的通道)和 w_2(沿 x 方向的通道)的通道周期性地连接。

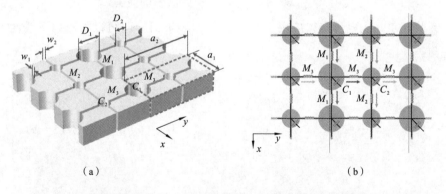

(a) (b)

图3.7 各向异性超材料单元(a)结构图和(b)等效电路图(彩图见书末插页)

这种腔-通道网格结构可类比为图3.7(b)中所示的电感-电容电路,其中空腔充当电容器 $C_i = S_i/(\rho_0 c_0^2)$,通道充当电感器 $M_i = \rho_0 (l'/w_i)$,其中 S_i 是空腔面积,ρ_0 是空气密度,c_0 是空气中的声速,l' 是通道的有效长度,w_i 是通道的宽度。在该模型中,电压定义为声压 p,而电流与通过波导横截面的总体积流量 I 相关。在电路中引入Floquet周期后可以得到图3.8所示的电路,该电路中 $\alpha =$

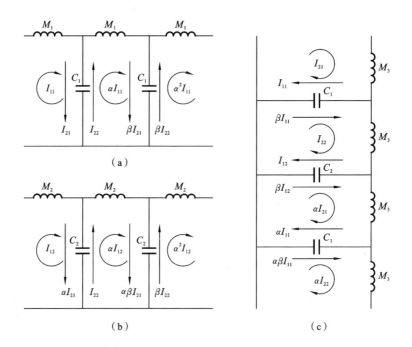

图 3.8　各向异性超材料等效电路图

$e^{-k_x a_1}$，$\beta = e^{-k_y a_2}$，其中 k_x 和 k_y 分别是 x 和 y 方向上的波矢。

将基尔霍夫电压定律应用于等效电路中的四个闭环，可以得出以下线性方程组：

$$
\begin{bmatrix}
Z_1(\beta-1) & Z_2(1-\beta) & -Z_1-\alpha Z_1 & Z_1+Z_2+Z_3' \\
\alpha Z_1(1-\beta) & Z_2(\beta-1) & \alpha(Z_1+Z_2+Z_1') & -Z_2-\alpha Z_1 \\
-Z_1(1-\beta)^2+\beta Z_1' & 0 & Z_1(\beta-1) & Z_1(1-\beta) \\
0 & -Z_2(1-\beta)^2+\beta Z_2' & -\alpha Z_2(1-\beta) & -Z_2(\beta-1)
\end{bmatrix}
\cdot
$$

$$
\begin{bmatrix}
I_{11} \\
I_{12} \\
I_{21} \\
I_{22}
\end{bmatrix}
= AI = 0
\tag{3.8}
$$

其中：$Z_i = 1/(i\omega C_i)$，$Z_i' = i\omega M_i$。

对于非平凡解，系数矩阵 A 的行列式必须为零，由此可以解出周期网格的色散方程：

$$2\left(\cos k_x d-1\right)^2-\left(\frac{Z_1'}{Z_1}+\frac{Z_2'}{Z_2}+2\frac{Z_1'}{Z_1'}+2\frac{Z_2'}{Z_1'}\right)\left(\cos k_x d-1\right)$$

$$+\frac{Z_1'Z_2'}{Z_3'^2}\left(\cos k_y d-1\right)+\frac{Z_1'Z_2'}{Z_1 Z_2 Z_3'}\left(Z_1+Z_2+\frac{Z_3'}{2}\right)=0 \qquad (3.9)$$

根据式(3.9)可预测在 y 方向传播的波有两个通带(此处中 $C_1 \geqslant C_2$):

$$0 \leqslant \omega \leqslant \sqrt{\frac{2}{C_1 M_3}} \qquad (3.10)$$

$$\sqrt{\frac{2}{C_2 M_3}} \leqslant \omega \leqslant \sqrt{\frac{2(C_1+C_2)}{C_1 C_2 M_3}} \qquad (3.11)$$

在 x 方向,超材料仅允许截止频率以下的波传播。因此,为了实现较强的各向异性特征,在此通过调整结构参数 w_1 和 w_2 来使得 x 方向上的截止频率 $\omega_0=2/(\sqrt{M_i C_i})(i=1,2)$ 低于 y 方向上的第二频带的最低频率。

图3.9(a)给出了该超材料在 y 方向上的色散曲线,该曲线(实线)由式(3.9)计算得出,使用的结构参数为 $a_1=20$ mm,$D_1=16$ mm,$D_2=6.4$ mm,$w_1=0.8$ mm,空气中的声速为 $c_0=343$ m/s,空气密度为 $\rho_0=1.225$ kg/m³。图中的结果表明,在 y 方向传播的波有两个频带:第一频带为 0~1500 Hz,第二频带为 3100~3500 Hz。此外,通道沿 x 方向(w_2)的宽度为 0.6 mm,以确保 x 方向的截止频率(约 3000 Hz)低于 y 方向的第二频带的最低频率。由有限元方法计算的结果也显示在图3.9(a)中,对比发现有限元分析结果和解析结果几乎完全一致,仅在第二频带存在一些微小差异。以上结果验证了等效电路的有效性。

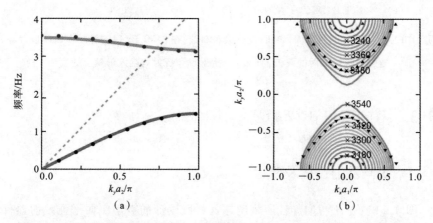

图 3.9 (a)各向异性超材料在 y 方向的色散曲线;(b)第二能带等频率曲线图

此外,图 3.9(b)给出了第二频带的等频率曲线图。观察等频率曲线可发现,3150～3300 Hz 之间的等频率曲线非常近似于两个半圆,圆心位于$(0,\pm1)$。这允许等频率曲线与$(k_y\pm C_0)^2+k_x^2=n_g^2k_0^2$(其中 $C_0=\pi/a_2>n_gk_0$)相吻合。图 3.10(a)给出了空气(灰色圆圈)和超材料(紫色曲线)在 3150 Hz 时的等频率曲线以及声波通过两者界面时的波矢量。入射波角度为 θ_{inc},波矢用黑色箭头表示。连续性要求声波穿过界面时必须保持与界面平行的波矢相等,这决定了超材料内部的声波传输方向。群速度沿着等频率曲线法向,并朝向频率增加的方向(即图 3.10(a)中靠虚线一侧)。基于等频率曲线,可以计算群折射率 n_g。此外,可以用斯涅耳定律得到空气中入射角 θ_{inc} 和超材料中折射角 θ_{ref} 之间的关系。图 3.10(b)所示的结果表明,当入射角从 $0°$ 变化到 $8°$ 时,n_g 几乎总是等于 0.14,因此空气中 θ_{inc} 相对较小的变化就可使超材料中的 θ_{ref} 覆盖 $0°\sim90°$。根据互易原理,当无指向的点源放置在超材料中时,沿板的设计界面将出现准直现象。

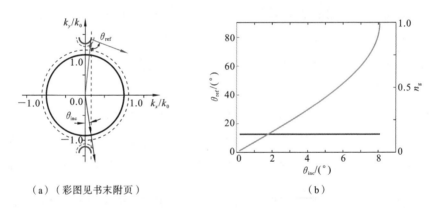

（a）（彩图见书末附页）　　　　（b）

图 3.10　(a) 空气(灰色圆圈)和超材料(紫色曲线)在 3150 Hz 时的等频率曲线以及声波通过两者界面时的波矢量;(b) 群折射率和折射角随入射角度的变化

3.3　各向异性声学超材料应用

3.3.1　定向发射设计及分析

图 3.11 为基于各向异性零密度超材料所设计的声学定向增强发射器件的示意图,该器件为方形且能有效汇集入射声波。出于简化目的以及一般性,首

先考虑一种二维的情形,在底纹色区域所表示的声学定向增强发射器件中心放置一点声源,器件周围被空气包裹。

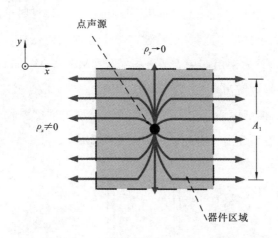

图 3.11 声学定向发射器件设计示意图

各向异性超材料等效介质的色散关系可描述为

$$\frac{k_x^2}{\rho_x} + \frac{k_y^2}{\rho_y} = \frac{\omega^2}{B} \tag{3.12}$$

式中:ω 为角频率;B 为体积模量;k_x 为波矢在 x 方向上的分量;k_y 为波矢在 y 方向上的分量;ρ_x 为等效密度在 x 方向上的分量;ρ_y 为等效密度在 y 方向上的分量。对式(3.12)分析,可以发现当 y 方向上的等效密度分量趋近于零($\rho_y \rightarrow 0$),x 方向上的等效密度分量不等于零($\rho_x \neq 0$)以及等效体积模量不等于零($B \neq 0$)时,将式(3.12)改写成 $k_y^2/\rho_y = \omega^2/B - k_x^2/\rho_x$,其中 $\omega^2/B - k_x^2/\rho_x$ 为有限值,为满足 k_y^2/ρ_y 为有限值,可以推导出式(3.12)成立的条件是 y 方向上的波矢分量趋近于零($k_y \rightarrow 0$)。则 y 方向的波长趋近于无穷大,因此声波只能沿着 x 方向传播,点声源发出的声波的全向传播将被转化为双向声传播,如图 3.11 所示。根据运动方程 $\partial p/\partial y = -j\omega\rho_y v_y$,可以得到速度和声压场的关系。在速度场中 v_y 为有限值,由此可以推断当 y 方向上的等效密度分量趋近于零($\rho_y \rightarrow 0$)时,$\partial p/\partial y$ 也必须趋近于零才能使等式成立,这说明 y 方向上的压力不发生变化。由此而知此时声波的波前近似垂直于 x 方向。综上所述,当放置一点声源于各向异性零密度的材料中时,点声源所发出的圆柱形声波将被转化为平面波,而平面波这一特性在材料外的近场中仍然能保持,由此可以得到具备高指向性的声波。

为实现基于各向异性零密度特性下的定向增强发射,本节利用超材料单胞构建声学定向发射器件。在 x 轴方向周期性排布 5 个超材料单胞,在 y 轴方向周期性排布 20 个超材料单胞,由此构建出声学定向发射器件,器件的长度和宽度均为 360 mm。首先采用商用有限元软件 COMSOL Multiphysics 对器件的定向发射性能进行数值仿真,仿真计算域如图 3.12 所示。其中声学器件置于仿真计算域中央,模型中心内置一单极点源。模型内部空隙及外部为空气域,空气域最外部单独划分出一层并设置为完美匹配层。

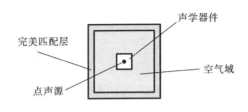

图 3.12　仿真计算域设置

计算在单极点源激发下计算域在 3100～3300 Hz 之间的声场分布。根据上文计算的等效密度趋近于零时的频率(3140 Hz),考察 3140 Hz 下的声场分布云图。

图 3.13 所示为内置器件时仿真计算域的声场相位云图以及声压幅值云图,从计算域的声场相位云图中可以注意到器件外的相位等值线近似垂直于 x 轴方向,等值线在 y 方向上的长度与器件左右边界尺寸近似。根据相位图可以

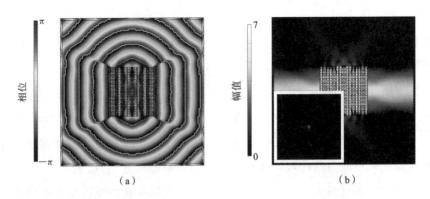

图 3.13　内置器件时计算域的(a)声场相位云图及(b)声压幅值云图(3140 Hz)

很明显看出器件外 x 轴方向近场的声波不再是原本未内置器件时单极点源发出的圆柱形声波,而是变成了近似平面波,这说明声波受到了各向异性零密度超材料的作用。从声压幅值图来看,超材料器件边界上大部分的能量被集中到了 x 轴方向上,极大地增强了定向发射的声压幅值。为了通过对比量化定向发射的增幅程度,内置器件时在仿真计算域的声压幅值云图的左下角设置一小图,表示的是未内置器件时仿真计算域的声压幅值云图,提取远场的声压数据并进行对比,得出增幅达到了 11.8 倍。

聚焦于器件在计算频段内的高指向性增强发射的性能,可发现器件在不同频率下的声学定向发射性能有所差异。图 3.14 所示为 3140 Hz 和 3210 Hz 时正方形器件定向发射性能的比较。

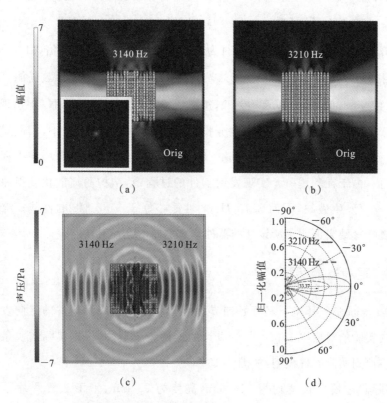

图 3.14　不同频率下器件定向发射性能比较:(a)3140 Hz 和(b)3210 Hz 时的计算域声压幅值云图;(c)两个频率下的计算域声压云图;(d)两个频率下的远场指向性图

从图 3.14 可以看出,在增强发射的幅值方面,3210 Hz 下的发射增幅程度大于 3140 Hz 下的发射增幅程度。通过计算可知,3210 Hz 下内置器件时的远场声压幅值是未内置器件时声压幅值的 17.6 倍,是 3140 Hz 下内置器件时的远场声压幅值的 1.49 倍。从图 3.14(c)的声压云图可以看出,3210 Hz 下从器件射出的声波幅值高于 3140 Hz 下的声波幅值,但 3210 Hz 下的透射声波比 3140 Hz 下的透射声波更发散一些。图 3.14(d)的远场声压指向性图说明了在增强发射方面,3210 Hz 优于 3140 Hz 下,而在指向性方面,比较半声压幅值处的角宽度可知,3140 Hz 时的角宽度为 26°,3210 Hz 时的角宽度为 30°,指向性方面 3140 Hz 优于 3210 Hz。

从等效参数的角度来看,其中 y 方向上的等效密度绝对值 $|\rho_y|$ 在 3210 Hz 时为 0.176(3140 Hz 时为 0.031)。与此同时,x 方向上的等效密度绝对值 $|\rho_x|$ 在 3210 Hz 时为 4.206(3140 Hz 时为 1.515),是 $|\rho_y|$ 的 23.9 倍(3140 Hz 时 48.9 倍),等效体积模量 $B_{eff}=0.834$。3210 Hz 时超材料等效参数仍能满足零密度条件($\rho_y \to 0, \rho_x \neq 0$ 以及 $B \neq 0$),这解释了定向发射在 3210 Hz 上出现的原因,由于 3210 Hz 时两个等效密度分量的差距比 3140 Hz 时稍小,因此对声波的准直性能偏弱,故指向性方面 3140 Hz 优于 3210 Hz。而在定向增强程度的差异方面,由于在利用单元实现发射器件的过程中,结构的离散化使得原本周期性的材料发生破缺,因而 3210 Hz 的性能略好于 3140 Hz 的性能。综上所述,仿真计算结果证明了所设计的器件具有定向增强发射功能。

3.3.2 定向发射实验

为了验证空气环境下基于各向异性零密度超材料声学器件的定向发射性能,本次实验的对象以 3.3.1 节所设计的器件为原型,并根据实际实验条件进行改进,得到实际器件模型,如图 3.15 所示。

实际器件模型长宽均为 216 mm,高度为 25 mm,上下放置两片厚度为 2 mm 的薄片。器件所用的材料为光敏树脂,其密度为 1140 kg/m³,杨氏模量为 2.2 GPa,泊松比为 0.4。超材料单元的几何参数如表 3.1 所示。由于几何尺寸较 3.3.1 节发生了变化,其工作频率也相应发生了变化。

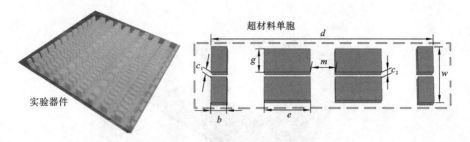

图 3.15　实际实验器件示意图

表 3.1　实际器件超材料单元几何参数

几 何 参 数	尺寸/mm	几 何 参 数	尺寸/mm
d	72	m	12
w	18	e	12
c_1	4	g	5
c_2	4		

声学器件和测量设备布置示意图如图 3.16、图 3.17 所示,待测的声学器件放置于二维波导中,二维波导的长度为 1000 mm,宽度为 1200 mm,高度为 30 mm。周围排布有海绵尖劈用于吸声,顶部盖有透明树脂使得实验环境与外界隔绝。声学器件中央放置一扬声器,通过连接计算机对扬声器的发射信号进行控制。距离器件中心 600 mm 处放置一移动麦克风,麦克风同数据信号采集系统连接,麦克风将接收到的声信号转化为电信号,最终在计算机中利用数据分析软件进行采集和分析。

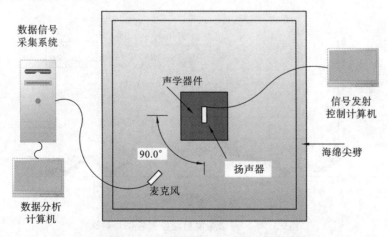

图 3.16　定向发射性能验证实验设备布置图

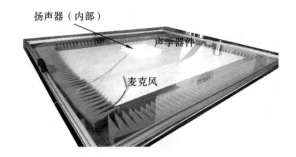

图 3.17　实际实验布置图

对各角度下的声学器件声发射增幅进行测量,并同相应的有限元仿真结果进行对比,如图 3.18 至图 3.29 所示。

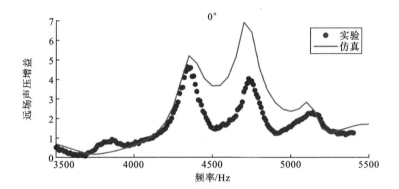

图 3.18　0°时增强发射增益实验仿真对比

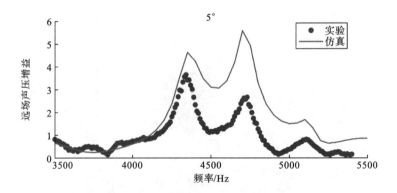

图 3.19　5°时增强发射增益实验仿真对比

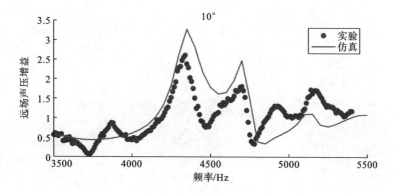

图 3. 20　10°时增强发射增益实验仿真对比

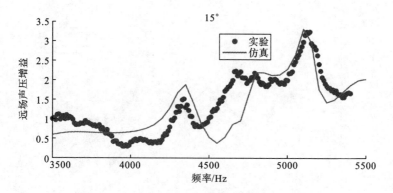

图 3. 21　15°时增强发射增益实验仿真对比

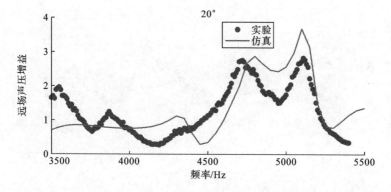

图 3. 22　20°时增强发射增益实验仿真对比

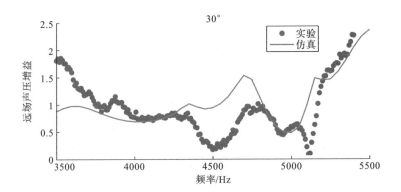

图 3.23　30°时增强发射增益实验仿真对比

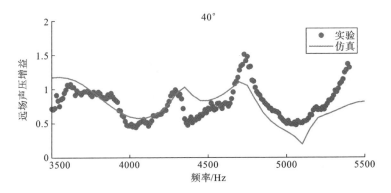

图 3.24　40°时增强发射增益实验仿真对比

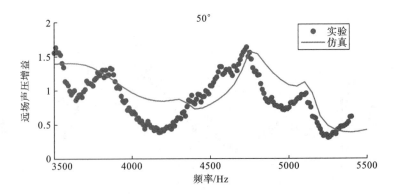

图 3.25　50°时增强发射增益实验仿真对比

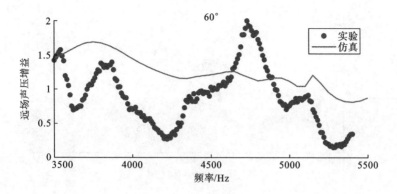

图 3.26 60°时增强发射增益实验仿真对比

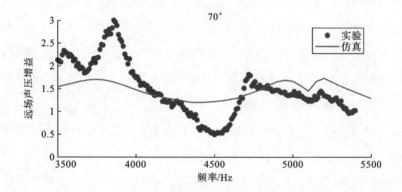

图 3.27 70°时增强发射增益实验仿真对比

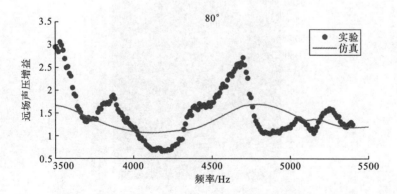

图 3.28 80°时增强发射增益实验仿真对比

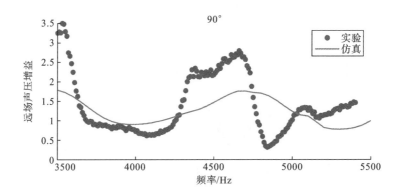

图 3.29　90°时增强发射增益实验仿真对比

从图中可以看出,远场声压增益随频率变化的曲线在 3500～5500 Hz 范围内出现多个峰值,在 0°到 50°范围内,实验和仿真结果在趋势上基本一致,在远场声压增益的幅值方面,实验和仿真结果也基本一致。在 60°至 90°范围内,实验和仿真结果在趋势上也基本一致,在远场声压增益的幅值方面,实验和仿真结果有一定的差别,但倍数不超过 2。

进一步对实验测量数据进行整理,整合不同频率及不同角度下的发射增益值,得到图 3.30。图中注意到在 0°时,发射增益在 4400 Hz 时达到最大,从图 3.18 所示的 0°时增强发射增益实验仿真对比结果可以发现仿真情况下发射增益在 4400 Hz 也有一个极值。图 3.30 中 4800 Hz 和 5100 Hz 也出现了极值,

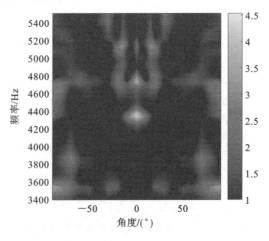

图 3.30　实验中不同角度及频率下的发射声压增益

这和图 3.18 中的仿真情况也一一对应。可以看出在 4400 Hz 时,0°时的发射增益最大,然后随着角度的增加逐渐减小,并在靠近 90°时又些许增大。该图显示出实验中实际器件在一定频率下发射具有指向性。

将图 3.30 中 4400 Hz 时不同角度下的发射增幅图转化成极坐标形式,如图 3.31 所示,并与相同频率下的仿真结果进行比较,可以发现实验与仿真的指向性图基本一致,0°时的发射增幅达到了 4.5 倍,该器件的定向增强发射性能得到了验证。本节从实验角度证明了前节中定向增强发射器件设计方法的可行性。

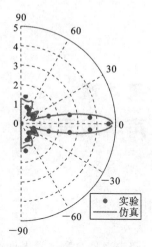

图 3.31　远场声压幅值实验仿真对比(4400 Hz)

第 4 章
声学超表面

引言

超表面是一类由沿界面按特殊序列排布的多种微结构单元组成的平面超材料系统,利用各微结构单元对传播波的局部响应以及排布序列的全局响应,超表面可以对声场进行灵活有效的操控。目前,基于声学超表面已经实现了多种新颖的功能,例如异常反射/折射、声全息、声隐身和非对称声传输等,在声波操控领域有巨大的学术价值。其尺寸轻薄的特性也在声学器件小型化、紧凑化设计中有着广阔而诱人的工程应用前景。但由于构造单元性能的限制,声学超表面存在透射率不高、工作带宽较窄以及极端角度操控下传输效率低下等不足。本章研究了基于声学超表面的透射波声波操控,提出了多种少层超表面单元设计并构建了相应的声学超表面,实现了基于超表面的高透射声波操控、宽带声波操控和全角度声波操控。

4.1 高透射声学超表面及其应用

4.1.1 空气中高透射迷宫单元设计

采用的迷宫单元构型如图 4.1(a)所示,两块水平铜板和其上镶嵌的众多竖直铜板(长度为 l,厚度为 w)构成了边长为 a 的方形迷宫结构,其中形成了宽度为 b 的 10 重折叠空气通道。单元间的距离固定为 d,这种单元可以被等效为一个边长为 d 的方形均质材料,材料的等效属性可以由归一化等效折射率 n_{eff} 和归一化等效阻抗 Z_{eff} 表示。类似的迷宫结构也被用于设计声学透镜和声学天线,实现了较好的声波操控效果。本节首先通过改变单元的选取尺寸参数来调控单元的等效属性,设计阻抗匹配单元。

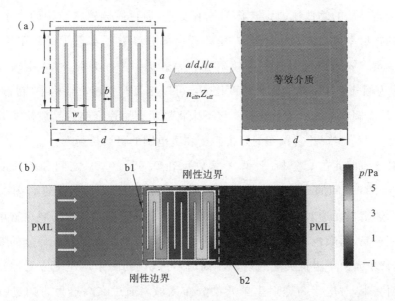

图 4.1 (a) 迷宫单元结构示意图(左)及其等效结构(右);(b) 等效参数反演有限元模型

在本章中,通过有限元仿真软件 COMSOL Multiphysics 仿真分析获得迷宫单元结构的反射系数和透射系数,进而利用第 2.1 节中的反演方法得到材料的等效属性,有限元模型如图 4.1(b)所示。迷宫单元被放置于宽度为 d 的波导之间,上下边界设置为刚性壁。仿真的相关材料参数和部分结构尺寸参数设置为铜板密度 $\rho_b = 8600 \text{ kg/m}^3$,铜板声速 $c_b = 4006 \text{ m/s}$,空气密度 $\rho_a = 1.225 \text{ kg/m}^3$,空气声速 $c_a = 343 \text{ m/s}$,单元间距 $d = 0.01 \text{ m}$,曲折通道宽度 $b = 0.07a$,铜板厚度 $w = 0.0272a$。

选择单元的设计频率为 $f_0 = 2268 \text{ Hz}$。在此频率下,单元的尺寸约为波长的 1/15,满足等效介质近似的亚波长条件。

在建立等效方法之后,需要改变单元的尺寸参数来调控单元的等效属性。虽然有很多尺寸参数可以作为控制变量来调控单元的等效属性,但同时引入的控制变量越多,分析越复杂。因此在满足阻抗匹配和宽范围折射率调控的前提下,控制变量越少越好。由于构成迷宫结构的固体材料与空气阻抗差异极大,可以将铜板视为刚性固壁,因此迷宫单元的声学属性主要取决于被刚性固壁分割开的空气通道,包括迷宫结构内侧的曲折通道和迷宫结构两侧的笔直通道。在固定单元间距即外尺寸 d 后,两侧通道仅由迷宫结构大小 a 决定。此前的研究将迷宫结构的缩放比即 a/d 作为控制变量,通过缩放迷宫结构的大小,迷宫单元的折射率可以在较大范围内变动且在部分参数下实现了等效阻抗匹配。但单变量 a/d 难以同时控制等效阻抗和等效折射率。为此,引入铜板长度比 l/a 作为额外控制变量。铜板长度比 l/a 可以显著改变迷宫结构中曲折通道的长度,从而调整单元的等效属性。接下来将展示利用迷宫结构缩放比 a/d 和铜板长度比 l/a 实现迷宫单元的阻抗匹配和宽范围的可调折射率。

基于有限元仿真分析,计算了缩放比在 $0.65\sim0.99$ 之间和板长度比在 $0.77\sim0.94$ 之间的二维参数空间内迷宫单元的透射率及等效属性。图 4.2(a) 给出了迷宫单元透射率随 a/d 和 l/a 的分布,图中颜色明亮的区域迷宫单元的透射率较高,而颜色灰暗的区域迷宫单元透射率较低。虽然在大部分的参数区域,迷宫单元由于阻抗失配透射率不高,但可以找到一条从左上方延伸到右下方的明亮带,对应于高透射率单元的分布区域。通过在高透射带内进一步筛选,可以得到全透射的阻抗匹配单元的设计曲线,如图 4.2(a) 中红色曲线所示。图 4.2(b) 给出了缩放比在 $0.90\sim0.99$ 之间和板长度比在 $0.73\sim0.8$ 之间的局部区域单元等效阻抗分布,可以看到阻抗匹配是由两个控制变量协同调控的结

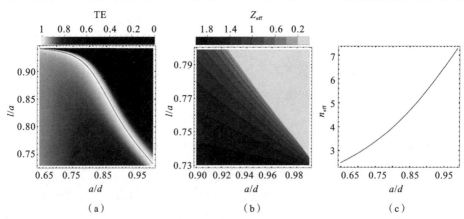

图 4.2 (a) 迷宫单元能量透射率随控制变量 a/d 和 l/a 变化的灰度图,颜色越偏白的区域单元透射率越高。曲线位置单元等效阻抗与空气匹配;(b) 局部参数空间内单元的等效阻抗;(c) 沿曲线分布的阻抗匹配单元等效折射率(彩图见书末插页)

果。在单元的等效折射率上,沿红色曲线分布的阻抗匹配单元覆盖了 2.5～7.27 的宽折射率范围,如图 4.2(c)所示,等效折射率随着缩放比 a/d 的增大单调增大,这主要是由于随着迷宫结构的增大,结构中曲折通道对声波传播的贡献量也逐渐增大,从而提高了单元的折射率,由此得到了一条折射率跨度大且阻抗匹配的迷宫单元设计谱线。值得指出的是由于迷宫单元的非共振性,这条设计曲线相对控制变量可以视为连续变化,在加工进度的误差范围内可以根据设计曲线得到特定折射率的阻抗匹配迷宫单元。

接下来将利用得到的阻抗匹配迷宫单元设计用于声波偏转的梯度相位超表面。如图 4.3(a)所示,声波在入射到具有横向相位梯度的非均匀界面时,将发生偏转。入射角与折射角间的关系可以用广义斯涅耳定律描述:

$$k_0 \sin(\theta_t) = k_0 \sin(\theta_i) + \mathrm{d}\phi(x)/\mathrm{d}x \tag{4.1}$$

其中 $\mathrm{d}\phi(x)/\mathrm{d}x$ 为界面的横向相位梯度,可以通过表面的相位梯度实现对入射波的任意偏转。这里考虑声波的垂直入射,通过由不同折射率单元构成的超表面时将产生非均匀的相位延迟 $\phi(x) = k_0 h n(x)$,其中 h 为超表面的厚度,$n(x)$ 为超表面的折射率分布,透射波的折射角可以由 $\theta_t = \arcsin((1/k_0)(\mathrm{d}\phi(x)/\mathrm{d}x))$ 预测。分别构建了由单层单元和双层单元构成的声学超表面,超表面的设计相位分布如图 4.3(b)所示。其中单层超表面的相位梯度为 8.38 rad/m,对应的预测偏转角约为 11.5°。双层超表面的构成单元折射率与单层超表面相同,通过单元的堆叠增加厚度 h 来增大超表面相位梯度从而实现更大的角度偏转,双

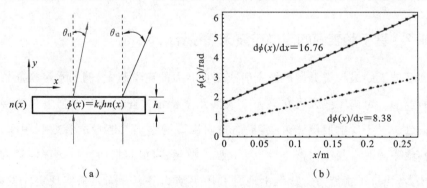

(a)　　　　　　　　　　　　　(b)

图 4.3　(a)超表面异常折射示意图;(b)单层超表面设计相位分布(红线)和双层超
　　　　表面设计相位分布(蓝线),黑色点为超表面迷宫单元相位分布

层超表面的相位梯度和预测偏转角分别为 16.76 rad/m 和 23.6°。图 4.3(b)中黑色点表示超表面结构中迷宫单元的相位分布,与设计相位分布曲线一致。

为了验证阻抗匹配超表面的声波偏转效果,基于有限元方法仿真计算了超表面在法向入射平面波激励下的声压场。图 4.4(a)和(b)分别显示了单层超表面和双层超表面的仿真结果,可以发现正入射的平面波穿过超表面后传播方向发生了明显的偏转,折射波传播方向与由黑色箭头标注的预测偏转方向相符。同时,透射波的幅值与入射波幅值相近,验证了阻抗匹配超表面的高透射率。

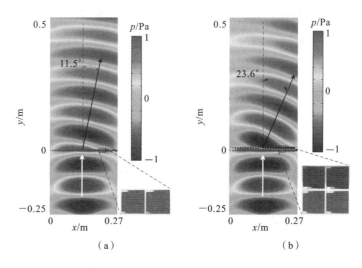

图 4.4　单层超表面(a)和双层超表面(b)声波偏转仿真声压图,其中子图为超表面的局部放大图

4.1.2　基于超表面的定向声波天线设计

声波天线是一类具有声波发射或接收能力的声学装置,例如水声换能器和水听器等。定向声波天线在某一个或某几个特定方向上具有较强发射或接收指向性。对于发射型声波天线,提高指向性可增强辐射能量的有效利用率、提升传输距离并有利于保密。对于接收型声波天线,提高指向性可提声信号的信噪比,增强抗干扰能力。传统上通常利用主动式多声源阵列来实现定向发射,通过独立控制多个声源信号间的干涉产生指向性波束,但声源阵列的系统复杂、成本较高,而利用附体结构对单一声源声波进行被动定向准直是一种低成

本的定向声波天线设计策略。近年来,学者们在基于声人工结构设计被动定向声波天线上做了一些探索。2009 年,国防科技大学的 Wen 等利用声子晶体的边缘态传输实现了声波的定向辐射。Dubois 等利用零折射率材料中声波传播相位不变的特点,基于零折射率材料的方形阵列实现了点声源波的声波准直。在两者的研究中,均使用了尺寸较大的阵列结构,不便于实际应用。华中科技大学的任春雨结合变换声学与超材料,利用六层迷宫单元设计了紧凑型声波天线。此外,通过在平板上引入孔阵列等特殊结构,声学表面结构通过激发倏逝波模态实现了声波的准直。

本节中基于阻抗匹配超表面将声源的柱面波准直为平面波,设计了四波束定向声学天线,同时这种声学天线对设计频率附近的 100 Hz 带宽范围内的声信号均有良好的准直效果。

本节中提出的定向声波天线的框架由四块相同的超表面构成,超表面将布置在方形框架中心点上的声源 O 发出的柱面波准直为四个方向上的平面波束从而提高指向性,如图 4.5(a)所示。定向声波天线模型关于 x 轴和 y 轴均对称,为简化设计,仅研究上半部分模型。为实现声波准直,需要利用超表面的相位梯度将不同方向的入射波偏转,使透射声波的折射角为零。以布置于 $(-y_0, y_0)$ 至 (y_0, y_0) 之间的上侧超表面为例,在点 (x, y_0) 处,声波的入射角 $\theta_i(x)$ 满足:

$$\sin\theta_i(x) = \frac{x}{\sqrt{x^2 + y_0^2}} \tag{4.2}$$

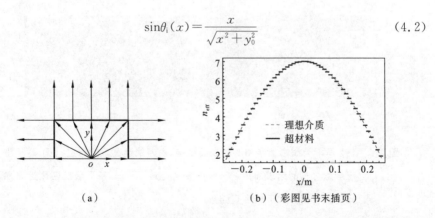

（a）　　　　　　　　　（b）（彩图见书末插页）

图 4.5　(a) 声波定向天线示意图;(b) 超表面的单元等效折射率分布,曲线为折射率的理想分布,阶梯线为实际应用中折射率的离散化分布

而不同位置的声波在透过超表面后透射角均应为零,因此超表面的局部相位梯度可以由式(4.1)得到:

$$\frac{\mathrm{d}\phi(x)}{\mathrm{d}x} = -k_0 \sin\theta(x) = -k_0 \frac{x}{\sqrt{x^2+y_0^2}} \tag{4.3}$$

进一步可以得到超表面的折射率分布 $n(x)=n_0+\left(y_0-\sqrt{x^2+y_0^2}\right)/h$,其中 n_0 为超表面中间位置的折射率。

作为示例,y_0 设置为 0.24 m,对应的设计折射率分布如图 4.5(b)中红色曲线所示。每块超表面由两层 100 个迷宫单元构成,呈左右对称布置,图 4.6 (a)展示了超表面右半部分的单元结构,对应的单元折射率如图 4.5(b)中蓝色阶梯线所示。同时作为迷宫单元的对比,基于声速为 $c=c_0/n(x)$ 和密度为 $\rho=\rho_0 n(x)$ 的理想材料构建了理想声学天线。理想声学天线和迷宫单元声学天线的数值仿真结果分别如图 4.6(b)(c)所示。基于迷宫单元构建的声波天线操控效果与基于理想介质构建的声波天线操控效果具有一致性。超表面中部的单元折射率较高而超表面两端的折射率较低,声波在超表面两侧的传播速度快于超表面中部。由声源发出的柱面波前在透过超表面后转化为平面波前,声波由此得以向远处传播且保持稳定的幅值。通过波前变化,可以减缓主轴上的声波幅值衰减。

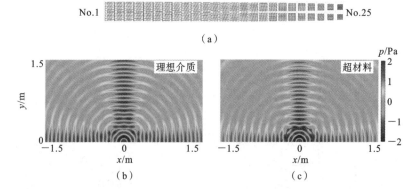

图 4.6 (a) 声学天线右上半侧的超表面结构,由两层迷宫单元组成;(b)基于理想参数分布的超表面声波天线声波准直结果;(c)基于阻抗匹配迷宫单元的超表面声波天线准直结果

图 4.7 对比了柱面波和两种声波天线在距离声源 1 m 处的声波强度,迷宫单元声波天线与理想声波天线的声波强度较为接近,与点线代表的柱面波远场

强度相比,基于超表面的声波天线主轴方向上距声源 1 m 处的声波强度提升了 4 倍以上,且仍保持近似平面波前。

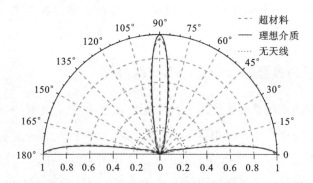

图 4.7　远场声波强度图,与绿线代表的柱面波相比,声波天线可以有效提升特定方向上的声波强度(彩图见书末插页)

虽然阻抗匹配迷宫单元和超表面声波天线是在 2268±50 Hz 的频率下设计的,但超表面声波天线对声源频率具有一定的抗干扰能力。图 4.8(a)(b)给出了构成声波天线的部分迷宫单元的折射率谱和透射率。这些迷宫单元的折

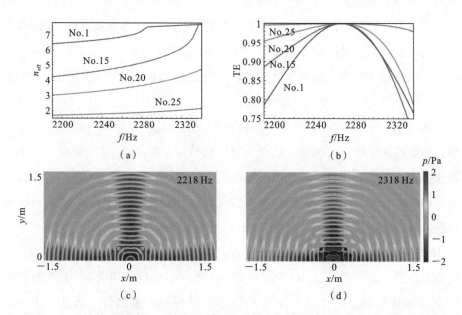

图 4.8　(a)构成超表面的部分迷宫单元折射率谱;(b)部分迷宫单元透射谱;(c)和(d)分别为迷宫单元声波天线在 2218 Hz 和 2318 Hz 的仿真声压场

射率在该频带内均随着频率逐步上升,且在 2190～2320 Hz 的频率范围内可以保持 0.79 以上的透射率,由此可以保证声波天线的波前准直效果和高透射率。从图 4.8(c)和(d)的仿真结果来看,声波天线在声源信号频率为 2268±50 Hz 的情形下仍有良好的工作表现。

4.1.3　基于超表面的波束孔径调节器设计

波束孔径调节指扩大或缩小入射波束的宽度,以集中波束能量或调整探测范围。波束孔径调节器在无损探测、医学成像、光学和声学通信方面起着重要作用。2010 年宾夕法尼亚州立大学的 Lu 等利用光波波束在具有抛物线折射率分布的渐变折射率光子晶体中传播时波束宽度与抛物线曲率相关的特性,通过两种具有不同折射率分布的光子晶体实现了对光波波束的改变。类比于光子晶体,同课题组的 Lin 等基于梯度折射率声子晶体设计了声波波束孔径调节器。这类基于光子晶体/声子晶体的块状操控器件,一方面,由于在单元间多次散射,存在一定的能量损失;另一方面,器件的空间尺寸一般数倍于工作波长,不利于小型化集成化设计。

在本节中,将声学超表面应用于声波波束孔径调节器的设计中,通过调整超表面的横向相位梯度分布构造了具有不同焦距的声学平面凹透镜和声学平面凸透镜。基于这些透镜对声波波束的汇聚或发散能力,设计了凸-凸和凸-凹两种透镜组合,实现对波束宽度的调节。

如图 4.9 所示,波束孔径调节器由两块长度相同但表面相位梯度分布不同的超表面组成。通过合理设计超表面的相位梯度分布,这两块超表面可以作为聚焦平面入射波的凸透镜或发散平面入射波的凹透镜。以波束的收缩为例,提出了两种实现入射平面波束孔径调节的透镜组合方式,波束孔径的放大可以视作波束收缩的逆过程。第一种方式为凸-凹透镜组合,图 4.9(a)所示的凸透镜 L_1 和凹透镜 L_2 的距离为 $D=F_1-F_2$,F_1 和 F_2 分别为凸透镜 L_1 和凹透镜 L_2 的焦距。当一束宽度为 A_1 的平面波束由左侧入射到透镜组合时,将被凸透镜 L_1 聚焦到焦点$(F_1,0)$处。在达到焦点之前,波束呈汇聚趋势。通过在焦点左侧$(F_1-F_2,0)$处的焦距为 F_2 的凹透镜可以将汇聚波束重新准直为平面波,如图 4.9(a)所示,同时出射波的波束宽度将被压缩为 A_2,压缩比为 $\eta=A_2/A_1=$

F_2/F_1。第二种方式为凸-凸透镜组合,图 4.9(b)中的凸透镜 L_1 和凸透镜 L_3 的距离为 $D=F_1+F_3$,F_1 和 F_3 分别为凸透镜 L_1 和凸透镜 L_3 的焦距。入射平面波束经由凸透镜 L_1 聚焦的过程与第一种方式一致,而与波束再准直过程存在区别。第二种方式利用了聚焦波束在通过焦点后发散的特点,通过放置在焦点右侧(F_1+F_3,0)处的焦距为 F_3 的凸透镜将发散波束重新准直为平面波,同时出射波的波束宽度将被压缩为 A_3,压缩比为 $\eta=A_3/A_1=F_3/F_1$。第一种组合方式中凸-凹透镜孔径调节器的空间厚度约为 $D=F_1-F_2=(1-\eta)F_1$(忽略超表面厚度),第二种组合方式中凸-凸透镜孔径调节器的空间厚度约为 $D=F_1+F_3=(1+\eta)F_1$。可以看到,凸-凹透镜孔径调节器在空间尺寸上具有一定优势。

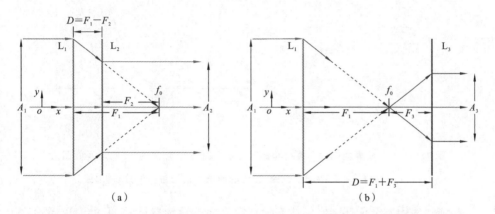

图 4.9　基于(a)凸-凹透镜和(b)凸-凸透镜组合的超表面波束孔径调节器示意图

接下来设计实现具有特定焦距的凹透镜和凸透镜的超表面相位分布。如图 4.10(a)所示,入射的平行声波在穿过凸透镜后将汇聚于焦点处,而在穿过凹透镜后声波将发生发散,发散声波的反向延长线将交于透镜入射侧的焦点上。因此,对于焦距为 F 的超表面透镜,其相位梯度分布为

$$\frac{\mathrm{d}\phi(y)}{\mathrm{d}y}=k_0\sin\theta_t=k_0\frac{\mp y}{\sqrt{F^2+y^2}} \tag{4.4}$$

其中:负号对应凸透镜的相位梯度,正号对应凹透镜的相位梯度。对式(4.4)积分可获得超表面透镜的相位分布为

$$\phi(y)=\mp k_0(\sqrt{F^2+y^2}-F)+\phi(0) \tag{4.5}$$

其中:$\phi(0)$ 为超表面透镜中间位置的相位,可以取任意值,负号对应凸透镜的相

位分布;正号对应凹透镜的相位分布。图 4.10(b)给出了由虚线所示的焦距为四倍波长(4λ)的凸透镜的相位分布和由虚线所示的焦距为 2λ 的凸透镜的相位分布,两者的 $\phi(0)$ 均设置为零。可以看到相位分布均关于中间位置对称,靠近透镜两端位置的相位变化速度较靠中间位置的相位变化速度快,且焦距越短的超表面透镜相位变化越快。在距离中间 3λ 的位置上焦距为 4λ 的超表面透镜的相位跨度到达 2π,而在距离中间 2.24λ 的位置上焦距为 2λ 的超表面透镜的相位跨度到达 2π。因此,超表面的构造单元需要覆盖全 2π 的相位控制。

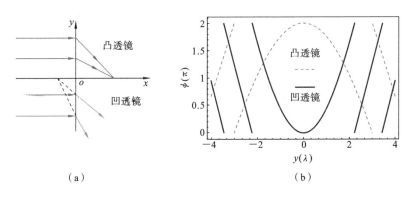

图 4.10 (a) 超表面构建凸透镜和凹透镜示意图;(b) 焦距为 4λ 的超表面凹透镜相位分布(实线)和焦距为 2λ 的超表面凸透镜相位分布(虚线)

依然使用本节前述迷宫结构来设计超表面透镜构造单元,但由于单层迷宫单元的相位调控能力有限,本节中将使用三层迷宫单元的堆叠结构作为新的设计元胞以覆盖全 2π 的相位控制。如图 4.11(a)所示,新的设计元胞由三个相同的迷宫单元串联组成。结构材料和结构尺寸与第一节迷宫单元保持一致,设计频率仍保持为 2268 Hz。新元胞的宽度为 3 cm,厚度为 1 cm,远小于设计波长。在元胞的声学属性上,将单元的能量透射率 T_1 和相位延迟 ϕ 作为新的目标量,仍将迷宫结构缩放比 a/d 和 l/a 作为设计变量,以获取一系列相位延迟 ϕ 覆盖 2π 跨度且能量透射率尽可能高的单元。通过数值仿真来获取元胞的声学属性,如图 4.11(a)所示,元胞被放置于两端覆有完美匹配层的声波导管中,通过频域仿真分析可以求得在入射平面波 P_i 激励下的透射波 P_t。元胞的能量透射率可由 $T_1 = |P_t^2/P_i^2|$ 获得,元胞的相位延迟则可以通过透射系数的辐角 $\phi = \arg(P_t/P_i)$ 获得。

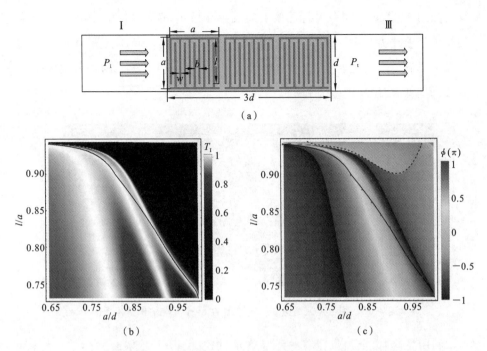

（a）

（b）   （c）

图 4.11 （a）三层堆叠元胞结构示意图;（b）元胞透射率随迷宫结构缩放比 a/d 和板长比 l/a 的变化图谱;（c）元胞透射波相位延迟随迷宫结构缩放比 a/d 和板长比 l/a 的变化图谱,图中沿黑色设计曲线分布的元胞覆盖了 2π 的相位跨度且能量透射率高于 96.5%(彩图见书末插页)

　　基于有限元仿真,初步扫掠了缩放比 a/d 在 $0.65\sim0.998$ 之间且板长比 l/a 在 $0.73\sim0.944$ 之间的二维参数空间内元胞的透射率,结果如图 4.11(b) 所示。图中存在三条由亮白色表示的高透射带,其中最右侧的高透射带与第 4.1 节中单层单元的高透射带位置基本一致,而另外两条高透射带则与单元叠层时层间耦合有关。参数空间内元胞相位延迟的结果如图 4.11(c) 所示,图中有两条蓝色区域与红色区域的边界线。在两条边界线之间的区域,元胞的相位延迟变化较大且随缩放比 a/d 单调变化。理论上,沿任意一条跨过两条边界线的连续曲线分布的元胞均可以实现 2π 范围的相位调控。但综合考虑元胞的透射率,最终选择图中黑色曲线作为元胞的设计曲线。在透射率上,黑色曲线穿过了两个高透射率带,其中 $a/d=0.86$ 附近出现沿设计曲线单元透射率的最低值 96.5%。

如图 4.11(c)中黑色设计曲线上的红色点所示,选取 11 个元胞,相邻元胞的相位延迟差为 0.2π。图 4.12 展示了这 11 个元胞的仿真声压图,可以看到这些元胞均有较高的透射率,透射波的相位延迟变大,首尾单元的透射波场基本一致,但实际相位延迟差为 2π。

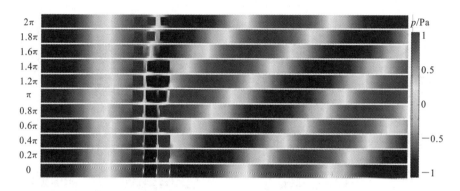

图 4.12 相位延迟覆盖 0～2π 范围的 11 个元胞的仿真声压图

利用高透射、全相位覆盖的元胞单元,在波束压缩比为 $\eta=1/2$ 和 $\eta=1/3$ 两种工况下,基于凸-凹透镜组合和凸-凸透镜组合构建波束孔径调节器,并通过 COMSOL Multiphysics 声学有限元仿真软件分析超表面孔径调节的效果。图 4.13(a)显示了压缩比为 $\eta=1/2$ 的凸-凹透镜孔径调节器的仿真声压场,其中焦距 $F_1=0.6$ m 的凸透镜 L_1 与焦距为 $F_2=0.3$ m 的凹透镜 L_2 间隔 0.3 m 布置。波束宽度为 8λ 的平面入射波在穿过凸透镜 L_1 后转为汇聚波,由凹透镜 L_2 在发生聚焦之前将声波重新准直为平面波,而出射波束宽度明显收窄。在图 4.13(b)显示的压缩比为 $\eta=1/2$ 的凸-凸透镜孔径调节器的仿真声压场中,$F_1=0.6$ m 的凸透镜 L_1 与焦距为 $F_3=0.3$ m 的凸透镜 L_3 间隔 0.9 m 布置。被凸透镜 L_1 汇聚的声波在聚焦后转为发散波,由凸透镜 L_3 重新准直后,出射平面波的波束宽度也得到了有效的压缩。图 4.13(d)中红色实线和蓝色实线分别给出了透镜 L_2 和 L_3 后侧 0.4 m 位置的声压值。由于声能的集中,出射波束的幅值得到了提升。利用声压的半峰全宽来标注出射波束宽度,凸-凹透镜组合的出射波宽度和对应的实际压缩比分别为 0.65 m 和 0.542,约82.1% 的入射声能转移到出射波束中。凸-凸透镜组合的出射波宽度和对应的实际压缩比分别为 0.588 m 和 0.49,声能转换率约 81.3%。

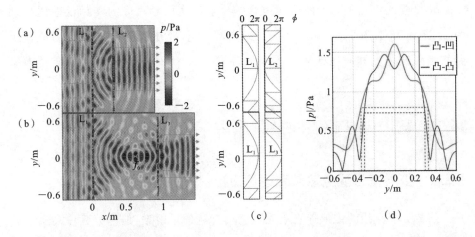

图 4.13 (a) 凸-凹透镜组合 1/2 波束孔径调节效果;(b) 凸-凸透镜组合 1/2 波束孔径调节效果;(c) 两种透镜组合中超表面透镜相位分布;(d) 距孔径调节器 0.4 m 处声压分布,虚线标注了出射波束的半峰全宽(彩图见书末插页)

压缩比为 $\eta = 1/3$ 的波束调节结果如图 4.14(a) 和 (b) 所示。1/3 波束孔径调节器中凸透镜 L_1、凹透镜 L_2 和凸透镜 L_3 的焦距分别为 $F_1 = 0.6$ m、$F_2 = 0.2$ m 和 $F_3 = 0.2$ m。凸-凹透镜组合中 L_1 和 L_2 的间距为 0.4 m,凸-凸透镜组合中 L_1 和 L_3 的间距为 0.8 m。根据图 4.14(d) 中透镜 L_2 和 L_3 后侧

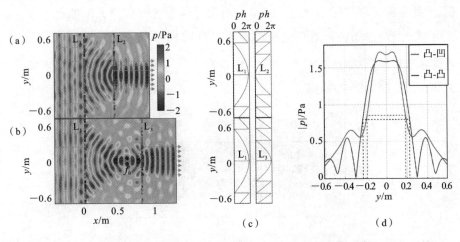

图 4.14 (a) 凸-凹透镜组合 1/3 波束孔径调节效果;(b) 凸-凸透镜组合 1/3 波束孔径调节效果;(c) 两种透镜组合中超表面透镜相位分布;(d) 距孔径调节器 0.4 m 处声压分布,虚线标注了出射波束的半峰全宽

0.4 m 位置的声压值,凸-凹透镜组合的出射波宽度和对应的实际压缩比分别为 0.37 m 和 0.308,约 76.9% 的入射声能转移到出射波束中。凸-凸透镜组合的出射波宽度和对应的实际压缩比分别为 0.452 m 和 0.377,声能转换率约为 78.0%。

4.2 宽带声学超表面及其应用

4.2.1 少层宽带弱色散单元理论设计

第 2.2 节介绍的锥形迷宫单元虽然具有宽带透射率,但部分频段高透射效果依赖于近零折射率机制,限制了锥形迷宫单元的相位调控能力,难以满足宽带超表面弱色散相位调控需求。本节提出的少层单元通过在相位调控的功能层两侧叠加阻抗过渡的辅助层,基于宽带阻抗匹配实现了宽带高透射率,将单元折射率与透射率解耦,设计了具有可调折射率的宽带弱色散单元。

图 4.15 为少层单元的示意图,少层单元是由中部的芯层和对称分布在芯层两侧的四层面层组成五层结构,每层介质的属性由介质折射率 N_i、归一化特征阻抗 Z_i 和层厚 $L_i(i=1,2,3)$ 描述。单元中芯层具有可调折射率,主导相位控制,因此也将芯层称为功能层。但单一的功能层在透射率和工作带宽上存在诸多限制。通过芯层两侧对称铺设的面层,可以为单元设计提供更多的自由度,满足灵活相位控制、高透射率和宽工作带宽等多维度的设计需求,因此也将面层称为辅助层。

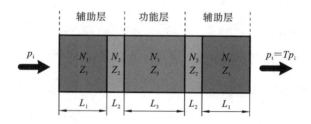

图 4.15 少层单元示意图,由中部的功能层和对称分布在芯层两侧的辅助层组成

下面利用传递矩阵法理论分析所提出的五层介质系统在正入射平面波激励下的透射行为。对于单层介质,介质左边界处的声压 p_i 和速度 v_i 与右边界处

的声压 p_{i+1} 和速度 v_{i+1} 之间的关系可以表示为

$$
\begin{bmatrix} p_i \\ v_i \end{bmatrix} = \begin{bmatrix} \cos(kN_iL_i) & jZ\sin(kN_iL_i) \\ j\dfrac{1}{Z}\sin(kN_iL_i) & \cos(kN_iL_i) \end{bmatrix} \begin{bmatrix} p_{i+1} \\ v_{i+1} \end{bmatrix} = TM_i \begin{bmatrix} p_{i+1} \\ v_{i+1} \end{bmatrix} (i=1,2,3)
$$

$$(4.6)$$

其中：k 为空气中的波数；TM_i 为介质层的子传递矩阵。

通过依次联立各层介质的子传递矩阵，可以得到系统入射边界及出射边界处的声压和速度间的关系：

$$
\begin{bmatrix} p_{in} + p_{re} \\ \dfrac{p_{in} - p_{re}}{Z_0} \end{bmatrix} = TM \begin{bmatrix} p_{tr} \\ \dfrac{p_{tr}}{Z_0} \end{bmatrix} = \begin{bmatrix} TM_{(1,1)} & TM_{(1,2)} \\ TM_{(2,1)} & TM_{(2,2)} \end{bmatrix} \begin{bmatrix} p_{tr} \\ \dfrac{p_{tr}}{Z_0} \end{bmatrix}
$$

$$(4.7)$$

其中：$TM = TM_1 TM_2 TM_3 TM_2 TM_1$，$Z_0$ 为背景介质的特征阻抗；p_i、p_r 和 p_t 则分别表示入射波、反射波和透射波的声压。

由式(4.7)可以得出少层单元的透射系数

$$
T = \frac{p_{tr}}{p_{in}} = \frac{2}{TM_{(1,1)} + \dfrac{1}{Z_0} TM_{(1,2)} + Z_0 TM_{(2,1)} + TM_{(2,2)}}
$$

$$(4.8)$$

由式(4.6)、式(4.7)和式(4.8)可以发现，透射系数由三种介质层的阻抗 Z_1、Z_2、Z_3 和三种介质层中的相位延迟 $\phi_1 = kN_1L_1$、$\phi_2 = kN_2L_2$ 和 $\phi_3 = kN_3L_3$ 这六个变量共同决定。

由于变量较多，参考了微波工程中二项式阻抗变换方法来设计辅助层的参数，以减少变量、简化分析。这种方法利用多节长度为 1/4 波长、阻抗依次过渡变化的传输线来消除阻抗不匹配的两端传输线间的强反射。其中利用单节 1/4 波长传输线实现阻抗变换的原理与光学中增透膜技术和超声中 1/4 波片匹配全透射技术类似，但在单节阻抗变换的作用带宽较窄。这里采用了两层辅助层来实现单元功能层与背景介质之间的阻抗过渡，辅助层的属性参数分别为 $N_1L_1 = N_2L_2$，$Z_1 = Z_3^{1/4}$ 和 $Z_2 = Z_3^{3/4}$。在这种简化下，透射系数 T 仅由 Z_3、ϕ_1 和 ϕ_3 决定。

五层介质系统在正入射声波激励下的能量透射率 $TE = |T^2|$ 为

$$TE = \frac{1}{1 + F_{(Z_3, \phi_1, \phi_3)} \cos^4(\phi_1)}$$

$$F_{(Z_3, \phi_1, \phi_3)} = (Z_3^{-3/2} + 2Z_3^{-1} - Z_3^{-1/2} - Z_3^{1/2} + 2Z_3 + Z_3^{3/2} - 6) \cos^2(\phi_1) \sin^2(\phi_1)$$

$$- (Z_3 + Z_3^{-1} - 2) \sin(\phi_3) [M_2 \cos(\phi_3) + G_2 \cos(\phi_3)$$

$$- M_1 \sin(\phi_3) + G_1 \sin(\phi_3) - \frac{G_3}{2} \sin(\phi_3)]$$

$$(4.9)$$

式中:子项 M_1、M_2、G_1、G_2 和 G_3 的表达式为

$$\begin{cases} M_1 = \sin^4(\phi_1) - 6\cos^2(\phi_1)\sin^2(\phi_1) + \cos^4(\phi_1) \\ M_2 = 4\cos(\phi_1)\sin^3(\phi_1) - 4\cos^3(\phi_1)\sin(\phi_1) \\ G_1 = 2(Z_3^{1/2} + Z_3^{-1/2} - 2)\cos^2(\phi_1)\sin^2(\phi_1) \\ G_2 = 2(Z_3^{1/4} + Z_3^{-1/4} - 2)\cos(\phi_1)\sin^3(\phi_1) \\ \qquad - (Z_3^{1/4} + Z_3^{1/4} + Z_3^{3/4} + Z_3^{-3/4} - 4)\cos^3(\phi_1)\sin(\phi_1) \\ G_3 = \frac{(Z_3 + Z_3^{-1} - 2)}{2}\cos^4(\phi_1) \end{cases} \quad (4.10)$$

由式(4.9)可以看到能量透射率取决于因式 $\cos^4(\phi_1)$ 和函数 $F_{(Z_3, \phi_1, \phi_3)}$ 的乘积,当乘积为零时,少层单元可以实现能量全透射。在频率 $f = (2n+1)c_0/(4N_1L_1)$ $(n=0,1,2,\cdots)$ 上,即辅助层的声程 N_1L_1 与 N_2L_2 为 1/4 工作波长的奇数倍时,单元实现全透射。在其他频率上,函数 $F_{(Z_3, \phi_1, \phi_3)}$ 由相位 ϕ_1 和 ϕ_3 的正弦和余弦函数以及功能层阻抗 Z_3 的多项式组成,且由于功能层阻抗一般与背景介质失配,阻抗 Z_3 远大于1,可以判断函数 $F_{(Z_3, \phi_1, \phi_3)}$ 的最大值与函数中 Z_3 的最高次数项 Z_3^2 为同一数量级。例如,当 $Z_3 = 14$ 时,Z_3^2 的值为196。因此当 $\cos^4(\phi_1)$ 足够小时,在频率 $f = (2n+1)c_0/(4N_1L_1)$ 附近频带内,少层单元仍可以获得较高的透射效率。理论上,通过两侧辅助层的阻抗过渡,少层单元可以在多个频率点上实现宽带高透射效率。将第一个宽带高透射频率带的中心频率点 $f_0 = c_0/(4N_1L_1)$ 设为基频,其后的宽带高透射频率带出现在基频的奇数倍频上。

为了验证少层单元的宽带特性,计算了功能层阻抗取为 $Z_3 = 14$ 时的单元能量透射率。图 4.16 展示了具有不同功能层的少层单元在 $0.5f_0 \sim 1.5f_0$ 频

带内的能量透射率,其中 $N_3 L_3/(N_1 L_1) = \phi_3/\phi_1$ 覆盖了 $1 \sim 8$ 的范围。可见能量透射谱在 f_0 附近存在一个覆盖 $0.8 f_0 \sim 1.2 f_0$ 频段的极高透射带,并且此频带内的透射率几乎不受 $N_3 L_3/(N_1 L_1)$ 变化的影响。也就是说少层单元在该频带内宽带高透射率与单元中功能层的折射率弱耦合,这样的弱耦合特征使少层单元在相位调控上具有更大的自由度。在 $0.8 f_0 \sim 1.2 f_0$ 频段范围外,能量透射谱也有一些透射峰。但这些透射峰一方面频带较窄,另一方面受 $N_3 L_3/(N_1 L_1)$ 影响较大,与单元相位存在强耦合。

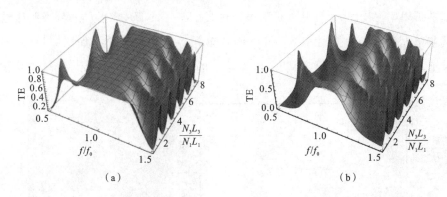

图 4.16 (a) 双辅助层五层单元透射谱;(b) 单辅助层三层单元透射谱,高透射频带带宽远小于双辅助层五层单元

此外,图 4.16(b) 给出了仅有单辅助层的少层单元透射谱,其中辅助层阻抗为 $Z_3^{1/2}$,可以发现虽然单辅助层的少层单元也可以实现与功能层的折射率弱耦合的高透射率,但高透射频带带宽较窄,难以满足宽带操控的需求。另一方面,通过引入更多的辅助层可以实现更宽的高透射频带,但也会增加单元的整体厚度。

在相位控制上,通过 $N_e = \phi/kL$ 来计算单元的等效折射率,其中 L 是少层单元的总厚度,而 ϕ 为声波穿过少层单元的相位延迟,可以通过计算透射系数 T 的辐角获得:

$$\phi = \arg(T) + 2\pi m$$
$$= \arctan\left(\frac{\sin(4\phi_1 + \phi_3) - G_1 \sin(\phi_3) - G_2 \cos(\phi_3) + G_3 \sin(\phi_3)}{\cos(4\phi_1 + \phi_3) - G_1 \cos(\phi_3) + G_2 \sin(\phi_3)}\right) + 2\pi m \quad (4.11)$$

其中,m 为辐角函数的分支数。子项 G_1、G_2 和 G_3 中均有因式 $\cos(\phi_1)$,在单元的基频和奇数倍频上由于 $\cos(\phi_1)=0$，式(4.11)可以简化为 $\phi=4\phi_1+\phi_3$，进而可以求得单元的等效折射率为 $(4N_1L_1+N_3L_3)/L$。将 $N_0=(4N_1L_1+N_3L_3)/L$ 作为单元的基准折射率，并定义非色散系数 $\eta=N_e/N_0$ 来衡量单元的色散性。理想的无色散材料折射率在整个频带内保持不变，即 η 恒定为 1。图 4.17(b) 为非色散系数 η 在 $0.75f_0\sim1.25f_0$ 范围内的分布。所有功能层声程 N_3L_3 在 $N_1L_1\sim8N_1L_1$ 之间的少层单元在 $0.80f_0\sim1.20f_0$ 的高透射频带内的非色散系数 η 为 $0.96\sim1.04$，表明少层单元的等效折射率具有弱色散性且近似于单元的基准折射率。同时，单元基准折射率表达式 $N_0=(4N_1L_1+N_3L_3)/L$ 表明通过调节单元功能层的折射率 N_3 可以调节单元等效折射率 N_e，如图4.17(a)中 N_3L_3 分别设置为 $2N_1L_1$、$5N_1L_1$ 和 $7N_1L_1$ 的等效折射率曲线所示。

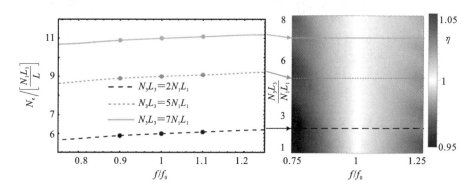

图 4.17　(a)具有不同功能层折射率 N_3 的少层单元在 $0.75f_0\sim1.25f_0$ 之间的等效折射率；(b)非色散系数($\eta=N_e/N_0$)随频率 f_0 和声程比 $N_3L_3/(N_1L_1)$ 变化云图

综合能量透射率和相位控制两方面，提出的少层单元在基频 $f_0=c_0/(4N_1L_1)$ 附近带宽为 $0.4f_0$ 的宽频带内具有极高能量透射率和弱色散等效折射率。由于单元功能层折射率 N_3 与能量透射率弱耦合，利用 N_3 可以直接调节等效折射率 N_e 而不影响单元透射率。此外，单元在奇数倍频附近频带也具有高能量透射率和弱色散等效折射率。

4.2.2　基于迷宫结构的空气宽带弱色散单元

这里所提出的少层单元构型在空气中和水下分别可以由迷宫结构和楔形空间折叠结构构建，以下首先简要介绍空气中少层宽带单元的构建过程。采用的迷宫单元如图 4.18(a)右图所示,迷宫结构高度和板厚分别固定为 $a=16$ mm 和 $w=0.5$ mm,通过调节结构中板长 D 和通道宽度 B 来满足单层介质的属性需求。对应于功能层和两种辅助层,迷宫结构少层单元也由三种不同板长 D 和通道宽度 B 的迷宫结构构成。首先从具有可调折射率 N_3 的功能层开始,功能层段迷宫结构中包含通道宽度 $B_3=1$ mm 的 12 折曲折通道,功能层段厚度为 $L_3=18$ mm。随着板长 D_3 由 2 mm 伸长至 14 mm,功能层段迷宫结构的等效折射率由 2.15 提高至 9.13,提供了较大的折射率调节空间。而功能层段迷宫结构的等效阻抗 Z_3 保持在 13.6～14.5 的范围内,变化幅度较小。为了简化设计,以 $Z_3=14$ 为基准,辅助层的等效阻抗应满足 $Z_1=1.94$ 和 $Z_2=7.14$。两段辅助层迷宫结构中均采用了 2 折的空气通道,通道宽度分别为 $B_1=6.4$ mm 和 $B_2=2$ mm,辅助层段厚度分别为 $L_1=13.8$ mm 和 $L_2=5$ mm。板长分别选为 $D_1=8.6$ mm 和 $D_2=11.3$ mm,以确保 $N_1L_1=N_2L_2=26.5$ mm,对应的设计基频为 $f_0=c_0/(4N_1L_1)=3.23$ kHz。得益于迷宫结构基于空间折叠的高折射

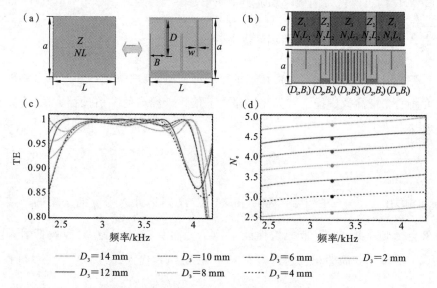

图 4.18　(a)少层单元中单层介质由空气通道宽度一致的迷宫结构构建,通过调整迷宫结构中板长 D 和空气通道宽度 B 可以实现介质层所需的阻抗 Z 和声程 NL 参数;(b)基于迷宫结构的少层单元;(c)具有不同功能层的少层单元透射谱;(d)具有不同功能层的少层单元等效折射率

率,虽然采用了五层迷宫结构,但最终单元厚度为 $L=55.6$ mm,约为工作波长的一半。

图 4.18(c)和(d)分别为基于有限元仿真的迷宫结构少层单元的透射谱和等效折射率。板长 D_3 在 2~14 mm 之间的 7 个少层单元,其在 2.8~3.6 kHz 的宽频带内能量透射率高于 97%。7 个单元的等效折射率为 2.59~4.85,并且等效折射率随频率变化极小,在高透射频带内等效折射率相对于图 4.18(d)中各圆点标注的各单元基准折射率的标准偏差小于 5%。

理论上少层单元在奇数倍频上也有高射透射率弱色散频带,但实际中倍频的传输效果受到迷宫结构的制约。根据声波导管理论,迷宫结构存在与空气通道相关的截止频率。对于截止频率以下的声波,在迷宫结构中仅有唯一的平面波传播模式,迷宫结构的声学性能比较稳定。而截止频率以上的声波将会在迷宫结构中产生高次波,迷宫结构的等效声学性能会更复杂。在采用的迷宫结构中,截止频率约为 10.7 kHz,迷宫结构少层单元仅在基频 3.23 kHz 和三倍频 9.69 kHz 附近有宽带高效率和弱色散折射率。

4.2.3 基于超表面的宽带声波操控

本节中将利用少层单元构建宽带超表面,并通过声波偏转和声波聚焦验证超表面的宽带高效操控。首先需要建立不依赖于频率的波前操控方法,由广义斯涅耳定律:

$$\sin(\theta_t) = \sin(\theta_i) + \frac{1}{k}\frac{d\phi(x)}{dx} \qquad (4.12)$$

式(4.12)中 $\frac{1}{k}\frac{d\phi(x)}{dx}$ 中包含与频率相关的波数 k,因此入射方向一定的声波折射角会受频率影响,宽带操控性能不稳定。而具有厚度为 L、等效折射率为 $N_e(x)$ 的单元其局部相位延迟为 $\phi(x)=kLN_e(x)$,代入式(4.12)中可以得到

$$\sin(\theta_t) = \sin(\theta_i) + L\frac{dN_e(x)}{dx} \qquad (4.13)$$

由此建立了声波的异常折射与超表面的单元等效折射率梯度之间的联系,当折射率梯度 $dN_e(x)/dx$ 不随频率变化时,入射方向一定的声波折射角也不随频率变化。上节设计的迷宫结构少层单元在设计频带上一方面等效折射率具有

弱色散性,受频率影响较小。另一方面,所有单元的等效折射率随频率的变化趋势一致,进一步弱化了色散性对折射率梯度 $dN_e(x)/dx$ 的影响,有利于折射率梯度保持恒定值,实现宽带稳定的声波操控。

基于具有恒定折射率梯度的超表面可以实现宽带声波偏转。利用如图 4.19 所示的 32 个迷宫结构少层单元构建超表面,通过减小功能层迷宫结构板长 D_3 使单元的等效折射率由左向右依次递减,折射率梯度满足 $dN_e(x)/dx = -4.65\ \mathrm{m^{-1}}$ 且厚度为 $L=55.6\ \mathrm{mm}$。由式(4.13)可以预测该超表面对正入射平面波的偏转角为 $15°$。

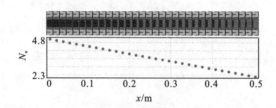

图 4.19 上图为基于迷宫结构少层单元的宽带声波偏转超表面,
下图为单元的等效折射率分布

图 4.20(a)～(c)分别为宽带偏转超表面在 2.8 kHz、3.3 kHz 和 4.2 kHz 正入射平面波激励下的仿真声压场,可以看到透射声波均得到了有效的偏转,

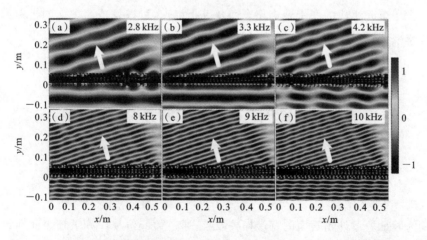

图 4.20 (a)～(f)宽带偏转超表面在 2.8 kHz、3.3 kHz、4.2 kHz、8 kHz、9 kHz 以
及 10 kHz 正入射平面波激励下的仿真声压场

与白色箭头标注的预测偏转方向一致。其中 2.8 kHz 和 3.3 kHz 均位于迷宫结构少层单元的极高透射能带内,仿真声场中几乎没有反射波。而 4.2 kHz 位于极高透射能带外,此时超表面的仿真声场中可以看到一部分的反射声波,透射声波仍有较高的幅值。

另外也研究了宽带声波偏转超表面在三倍频附近的透射波操控。图 4.20 (d)~(f)分别为宽带偏转超表面在 8 kHz、9 kHz 和 10 kHz 频率下的仿真声压场,正入射声波被成功地偏转至设计的方向,透射声波保持了较平整的平面波前且具有较高的透射幅值。

除基于恒定折射率梯度的声波偏转外,通过合理设计超表面的折射率梯度可以实现更为复杂的透射声波操控。以声波聚焦为例,声波超表面需要将正入射的平面波聚焦到焦点 (x_0, y_0) 处。从局部的折射关系来看,透射声线经超表面偏转后穿过焦点,折射角应满足:

$$\sin\theta_t(x) = \frac{x - x_0}{\sqrt{(x - x_0)^2 + y_0^2}} \tag{4.14}$$

将式(4.14)代入式(4.13)并对位置 x 积分可得到

$$N_e(x) = \frac{(y_0 - \sqrt{(x - x_0)^2 + y_0^2})}{L} + N_0 \tag{4.15}$$

其中,$N_0 = 4.85$ 为超表面中心位置处的折射率。图 4.21 展示了由 26 个迷宫结构少层单元组成的宽带聚焦超表面及其折射率,可以发现超表面的折射率呈对称拱形分布。

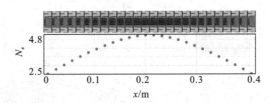

图 4.21 上图为基于迷宫结构少层单元的宽带声波聚焦超表面,
下图为单元的等效折射率分布

为验证所设计超表面的宽带操控效果,通过数值仿真计算了超表面在设计基频频带和三倍频频带两个频带内的聚焦声场幅值分布。图 4.22(a)~(f)分别是宽带聚焦超表面在 2.8 kHz、3.3 kHz、4.2 kHz、8 kHz、9 kHz 以及 10 kHz

正入射平面波激励下的仿真结果。可以发现在各频率下,超表面上方的透射区域均产生明显的声聚焦现象且焦点位置较为一致。通过仿真场中沿超表面中轴线的声压幅值分布,可以更精确地衡量声聚焦效果。图 4.23 给出了宽带聚焦超表面在 2.5~4.5 kHz 和 8~10.5 kHz 的焦距长度和焦点声压能量,可以发现各频率点处聚焦超表面的焦距稳定在设计焦距 $y_0=100$ mm 附近。在焦点声压能量上,能量强度一方面受到超表面能量透射率的影响,在两个频带的中部强度较高。另一方面,由于高频短波长声波形成的焦点更小,声能更集中,因此高频焦点的能量强度更高。

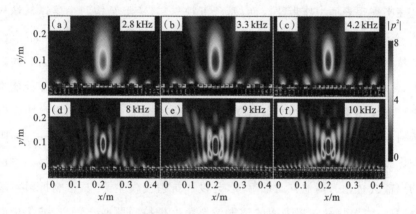

图 4.22 (a)~(f) 宽带聚焦超表面在 2.8 kHz、3.3 kHz、4.2 kHz、8 kHz、9 kHz 以及 10 kHz 正入射平面波激励下的仿真结果

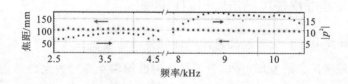

图 4.23 宽带聚焦超表面在 2.5 kHz~4.5 kHz 和 8 kHz~10.5 kHz 两个频带内的焦距和焦点处声压幅值平方

4.3 双各向异性声学超表面及其应用

超表面利用界面上局部相位梯度提供的额外动量来偏转声波,为声波的精确操控提供了一种新的手段,其亚波长厚度和设计灵活性在新型声学器件设计

中具有广阔的应用前景。对声学超表面的众多研究通过数值仿真或实验实现了异常折射、传播模式转换、声聚焦、贝塞尔波束和自偏转波束等声波操控功能。

在基于相位分布的丰富操控功能外,对超表面构造单元声学属性的优化是完善超表面操控效果的一个重要研究方向,目前在提高能量效率和扩展工作带宽等方面取得了一些进展。多种透射增强机制被用于构造单元设计中,例如迷宫结构中引入锥形通道或梯度渐变通道可以明显改善迷宫结构的阻抗失配,利用亥姆霍兹共振和 Fabry-Pérot(FP)共振的耦合共振可以实现高能效的相位调控。在扩展超表面工作带宽方面,基于五模材料、V 形结构和少层迷宫结构设计的超表面单元具有宽带高透射率和弱色散可调折射率,实现了宽带声波操纵。然而最近一些研究表明由于入射声场和设计的透射声场之间固有的阻抗失配,传统的广义斯涅耳定律声学超表面基于相位梯度实现的声波操控能量利用率受到操控角度的制约。以声波操控中基本的异常折射为例,操控中入射角与折射角偏差越大,入射声场与设计的折射声场阻抗失配越严重。一方面阻抗失配导致转移到设计方向折射波中的声能降低,影响声能利用率。另一方面损失的声能会转化为其他方向散射波,与设计折射波发生干涉,影响折射声场质量。因此,本节将针对超表面的透射波全角度操控问题展开研究,基于法向声阻抗匹配提出了一种三层单元构型,可实现全角度无散射声波异常折射。

4.3.1 超表面操控中的法向声阻抗匹配

首先研究基于广义斯涅耳定律设计的传统超表面在异常折射操控中存在的问题。根据广义斯涅耳定律,为了将入射波偏转至指定方向的透射波,超表面需要提供 $\phi(x)=k(\sin\theta_t-\sin\theta_i)x+\phi_0$ 的相位变换。实际应用中,理想连续的相位变化需要通过离散的构造单元来实现。图 4.24(a)给出了一个用于构建传统超表面的理想材料单元模型,单元中声速为 $c=c_0/N(x)$,其中 $N(x)$ 为单元的设计折射率,$N(x)=\phi(x)/(kL)=(\sin\theta_t-\sin\theta_i)x/L+n_0$。同时单元的密度设置为 $\rho=\rho_0 N(x)$,以保证单元的特征阻抗与背景介质阻抗一致,相邻单元间由固壁隔开以避免相互影响。

图 4.24(b)~(f)给出了由理想单元构造的传统超表面在将正入射平面波

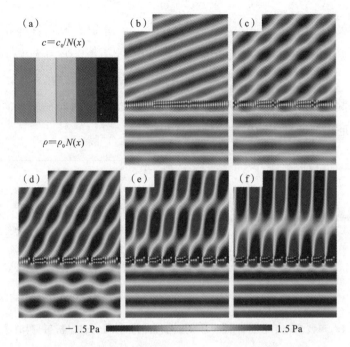

图 4.24 (a) 传统超表面的理想单元;(b)～(f) 由理想单元基于传统超表面实现的声波 20°、40°、60°、70°和 80°声波偏转

方向偏转 20°、40°、60°、70°和 80°的声波操控仿真声压场。其中入射波频率设置为 3110 Hz,单元的宽度约为 10 mm,超表面的单元离散相对精细。可以看到在 20°声波偏转中,声波被成功偏转至设计方向上并且透射波的波阵面非常平整,声波操控质量较高。而随着偏角的增大,透射声波受到其他方向散射波干扰难以保持平整的波前。特别是在 70°和 80°的极端角度偏转下,无法分辨设计的透射声波波形。

通过理论模型来进一步分析传统超表面操控效率和性能受到操控角度影响的物理机制。图 4.25(a)给出了声波偏转的理论模型示意图,无限宽的入射平面波在与超表面发生交互后传播方向发生改变。理想条件下,被超表面分隔开的入射侧声压场和透射侧声压场分别仅存在入射波和指定方向的折射波。由此,入射侧声压场和透射侧声压场可以表示为

$$p_{\mathrm{i}}(x,y)=p_0\mathrm{e}^{-\mathrm{j}k(\sin\theta_{\mathrm{i}}x+\cos\theta_{\mathrm{i}}y)} \qquad (4.16)$$

$$p_t(x,y) = A p_0 e^{-jk(\sin\theta_t x + \cos\theta_t y)} \tag{4.17}$$

其中：p_0 为入射波的幅值；A 为透射系数；θ_i 和 θ_t 分别表示入射角和折射角；k 为背景介质中的波数。从声压相位的角度考虑，超表面需要引入相位延迟 $\phi(x) = k(\sin\theta_i - \sin\theta_t)x + \phi_0$ 来补偿超表面两侧声波的相位差。在相位调控外还需要考虑超表面与入射声场和透射声场之间的能量耦合，因此在超表面的上下界面需要满足实现能量全透射法向声阻抗匹配。

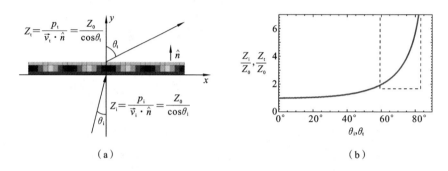

图 4.25 (a)声波偏转示意图；(b)不同入射角(折射角)下的入射(折射)侧的法向声阻抗

由式(4.16)和式(4.17)可以推导超表面入射侧和透射侧的速度矢量为

$$\vec{v}_i(x,y) = \frac{j}{\omega\rho_0}\nabla p_i(x,y) = \frac{p_i(x,y)}{Z_0}(\sin\theta_i \vec{x} + \cos\theta_i \vec{y}) \tag{4.18}$$

$$\vec{v}_t(x,y) = \frac{j}{\omega\rho_0}\nabla p_t(x,y) = \frac{p_t(x,y)}{Z_0}(\sin\theta_t \vec{x} + \cos\theta_t \vec{y}) \tag{4.19}$$

由声压场分布和速度矢量推导超表面上界面和下界面的法向声阻抗为

$$Z_i = \frac{p_i(x,0)}{\hat{n} \cdot \vec{v}_i(x,0)} = \frac{Z_0}{\cos\theta_i} \tag{4.20}$$

$$Z_t = \frac{p_t(x,d)}{\hat{n} \cdot \vec{v}_t(x,d)} = \frac{Z_0}{\cos\theta_t} \tag{4.21}$$

其中：$\hat{n}$ 为超表面的法向向量，如图 4.25(a)所示。由式(4.20)和式(4.21)可以发现入射侧和出射侧的法向声阻抗分别与入射角和折射角相关，对背景介质特征阻抗 Z_0 归一化的入射(折射)法向声阻抗是入射(折射)角的正割函数，如图 4.25(b)所示。在入射角较小时，法向声阻抗与 Z_0 相近，但随入射角不断增大，法向声阻抗也不断增大。特别是当入射角大于 $60°$ 时，法向声阻抗可达 Z_0 的数倍且对入射角变化非常敏感。

　　需要说明的是均质介质层界面的法向声阻抗与层中声波传播方向相关,对于不同方向的入射声波均质介质层界面法向声阻抗不同。而在超表面中,考虑相邻单元间通过刚性固壁相互分割限制了超表面内部声波的传播方向,对于不同方向的入射声波,超表面单元两端界面法向声阻抗保持一致,等于单元在正入射激励下的等效阻抗。在传统超表面设计中,一般使用等效阻抗与背景介质阻抗相近的单元来构建超表面,例如图 4.24(a)中的理想介质单元。在整个声波偏转过程中,需要同时考虑入射侧和出射侧两个界面上的法向阻抗匹配。当入射角和折射角不大时,界面上的法向声阻抗相对匹配,传统超表面可以实现高质量的声波偏转,如图 4.24(b)和(c)所示。而在大角度偏转中,如图 4.24(d)和(f)中高于 $60°$ 的声波偏转,虽然垂直入射波与超表面入射侧法向声阻抗匹配,但出射侧的法向声阻抗失配仍导致透射率低,同时折射波形受到其他散射波的干扰。

　　图 4.26 给出了同一传统超表面对不同方向入射波操控的仿真散射声压场图。其中超表面的设计偏转角为 $80°$,可以如图 4.26(a)所示将正入射声波向左方大角度偏转,也可以如图 4.26(b)所示将斜入射声波转为正向出射。超表面由宽度为 16 mm 的阻抗与背景介质一致的理想材料单元构成,超表面边界上的法向声阻抗为 Z_0。沿超表面法向传播的声波可以自由地通过超表面边界,而斜入射(出射)波则会在界面处发生强反射。在图 4.26(b)所示的斜入射中,声波在超表面界面发生反射,其中反射波向右上方传播,不再与超表面发生干涉。透射波在穿过超表面时波前被调整为正向出射波前,因此在穿过超表面下边界时不再发生反射。相比于斜入射情景,如图 4.26(a)中正入射的波场更为复杂。正向入射声波在穿过超表面下边界时由于法向声阻抗匹配可以无反射地进入超表面内,经过超表面波阵面调整后声波在上边界发生反射。其中透射波部分以设计的折射角离开超表面,反射波部分在下行穿过超表面后在超表面下边界发生二次反射,多次反射将会产生不同方向的散射波。此外,对比图 4.24(e)和图 4.24(f)可以发现,散射波对超表面单元的离散度比较敏感,由不同宽度的单元构造的超表面形成的声场具有较大差别。

　　在能量传递效率上,仅考虑入射波转化为设计方向上的折射波过程中由于法向声阻抗的失配引起的超表面边界上的两次反射过程,可以得到传统超表面

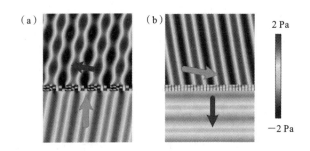

图 4.26　基于传统超表面的异常折射仿真散射声压场，其中浅色箭头指示入射波方向，黑色箭头指示设计折射波方向

的理论能量利用率为

$$\eta_{GSL} = \frac{16\cos\theta_i\cos\theta_t}{(\cos\theta_i+1)^2(\cos\theta_t+1)^2} \tag{4.22}$$

图 4.27 给出了正入射下基于传统超表面实现的异常折射能量利用率与折射角的关系，可以看到随着折射角的增大能量利用率逐渐减弱。虽然在数值上，在折射角为 80° 时超表面仍能保持约 50% 的利用率。但逸出的声能转化为其他方向上的散射波，对设计折射声场产生干扰。如图 4.24(c)～(e)所示，在能量转换效率高达 88% 的 60° 偏转操控中，散射波已经对透射波前产生了明显的干扰。

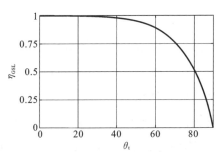

图 4.27　传统超表面的异常折射的声能利用率

需要强调的是虽然传统超表面在大角度声波操控中存在能量效率低和散射波干扰等缺陷，但在中小角度的声波操控中具有较高的操控质量。同时，目前基于声学超表面实现的操控功能中，大多不涉及大角度操控。例如在本书第 2 章中的定向声学天线和波束孔径调节器对声波的局部偏转角度均小于 45°，因此特征阻抗与背景介质相匹配的单元可以用于构建适用于大部分声波操控场景的传统超表面。而研究基于超表面的大角度声波操控可以满足部分应用中对极端角度操控的需求,提升超表面的声波操控能力,拓展超表面的应用范围。接下来,通过将法向声阻抗匹配纳入超表面单元的设计中,提出了一种适用于全角度声波操控的少层声学超表面。

4.3.2　基于少层非对称超表面的无散射全角度声波操控

为了实现全角度高效的声波操控,这里提出如图 4.28 所示的三明治结构单元。单元由三种均匀介质组成,每层介质的属性由其厚度 L_i、阻抗 Z_i 和折射率 N_i 表示。相邻单元间由固壁隔开以避免能量耦合。其中,中间的功能层通过其可调节的折射率 N_2 主导相位控制,可由具有曲折通道的迷宫结构或由串联的亥姆霍兹共振腔构建。但单独的功能层在声波操控上面临严重的能量损失效率。这一方面是由于构成功能层的材料本身的阻抗具有一定限制,另一方面单独的功能层材料难以同时满足入射侧和透射侧的法向声阻抗匹配。为了改善功能层与声波间的能量耦合,在功能层两侧分别附上辅助层以实现法向声阻抗匹配,其中辅助层的厚度和折射率固定为 $N_1 L_1 = N_3 L_3 = \lambda/4$,而阻抗 Z_1 和 Z_3 为单元实现两侧法向声阻抗匹配提供了设计自由度。

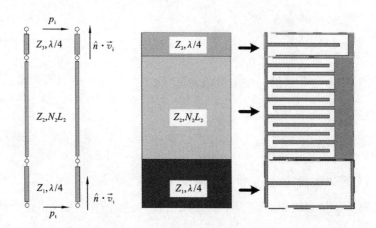

图 4.28　适用于全角度波前操控的三明治单元示意图,左侧为单元的传输线模型,中部为基于理想材料的单元构型,右侧为基于迷宫结构实现的单元构型

利用如图 4.28 左侧所示的传输线模型来理论推导满足全角度声波偏转的

功能层的折射率 N_2 以及辅助层的阻抗 Z_1 和 Z_3，单元的局部响应应满足：

$$\begin{bmatrix} p_i(x,0) \\ \hat{n} \cdot \vec{v}_i(x,0) \end{bmatrix} = \begin{bmatrix} M_{11} & M_{12} \\ M_{21} & M_{22} \end{bmatrix} \begin{bmatrix} p_t(x,d) \\ \hat{n} \cdot \vec{v}_t(x,d) \end{bmatrix} = TM \begin{bmatrix} p_t(x,d) \\ \hat{n} \cdot \vec{v}_t(x,d) \end{bmatrix} \quad (4.23)$$

单元的传递矩阵 $\boldsymbol{TM}$ 可以由各层介质的传递矩阵得到，$\boldsymbol{TM} = \boldsymbol{M}_1 \boldsymbol{M}_2 \boldsymbol{M}_3$，其中：

$$\boldsymbol{M}_i = \begin{bmatrix} \cos(kN_iL_i) & jZ_i\sin(kN_iL_i) \\ j\dfrac{1}{Z_i}\sin(kNL_i) & \cos(kN_iL_i) \end{bmatrix} \quad (4.24)$$

将阻抗变换层的设计参数 $N_1L_1 = N_3L_3 = \lambda/4$ 代入式（4.24）可以得到单元传递矩阵为

$$\boldsymbol{TM} = \begin{bmatrix} M_{11} & M_{12} \\ M_{21} & M_{22} \end{bmatrix} = \begin{bmatrix} \dfrac{Z_1}{Z_3}\cos(kN_2L_2+\pi) & -j\dfrac{Z_1Z_3}{Z_2}\sin(kN_2L_2+\pi) \\ -j\dfrac{Z_2}{Z_1Z_3}\sin(kN_2L_3+\pi) & \dfrac{Z_3}{Z_1}\cos(kN_2L_2+\pi) \end{bmatrix}$$

$$(4.25)$$

结合式（4.16）、式（4.17）、式（4.20）、式（4.21）、式（4.23）和式（4.25）可以得到

$$\begin{cases} p_0 e^{-jk(\sin\theta_i x)} = A p_0 e^{-jk(\sin\theta_t x + \cos\theta_t d)}\left(\dfrac{Z_1}{Z_3}\cos(kN_2L_2+\pi) - j\dfrac{Z_1Z_3}{Z_2Z_t}\sin(kN_2L_2+\pi)\right) \\ p_0 e^{-jk(\sin\theta_i x)} = A p_0 e^{-jk(\sin\theta_t x + \cos\theta_t d)}\left(\dfrac{Z_3Z_i}{Z_1Z_t}\cos(kN_2L_2+\pi) - j\dfrac{Z_2Z_i}{Z_1Z_3}\sin(kN_2L_2+\pi)\right) \end{cases}$$

$$(4.26)$$

在式（4.26）中通过令辅助层中阻抗满足 $Z_1 = \sqrt{Z_2Z_i}$ 和 $Z_3 = \sqrt{Z_2Z_t}$ 可以将等式简化为

$$p_0 e^{-jk(\sin\theta_i x)} = A p_0 \sqrt{\dfrac{Z_i}{Z_t}} e^{-jk(\sin\theta_t x + \cos\theta_t d)} e^{-j(kN_2L_2+\pi)} \quad (4.27)$$

由式（4.27）可以解得，透射系数幅值为 $|A| = \sqrt{Z_t/Z_i} = \sqrt{\cos\theta_t/\cos\theta_i}$，在能量传递上，实现了能量全透射。而为了满足入射波和透射波之间的相位变换，功能层折射率需要满足 $N_2 = k(\sin\theta_i - \sin\theta_t)x/L_2 + n_0$。

在辅助层属性上，设计阻抗满足 $Z_1 = \sqrt{Z_2Z_i}$ 和 $Z_3 = \sqrt{Z_2Z_t}$，可以看到入射（透射）侧辅助层阻抗与功能层阻抗 Z_2 和入射（透射）侧法向声阻抗相关。而辅助层折射率和厚度满足 $N_1L_1 = N_3L_3 = \lambda/4$，辅助层可以视为典型的 1/4 波长阻

抗变换层,分别提供功能层与入射波法向声阻抗和功能层与透射波法向声阻抗之间的过渡。类似方法也被应用于传统超表面的设计中,通过阻抗变换使单元的等效阻抗与背景介质匹配。在用于法向声阻抗匹配时,当操控场景中的入射角和透射角不同,单元中入射侧和透射侧辅助层阻抗也不同,即单元具有非对称性。

在得到三明治单元的设计属性参数后,需要用具体的微结构材料如非共振的迷宫材料或共振的串联共振腔结构来构建三明治单元。沿用第 3 章宽带弱色散单元中使用的迷宫结构来构建三明治单元,如图 4.28 右图所示。迷宫结构中由固体材料将空气分割为曲折的折叠通道,对应于三明治单元中三层不同属性的介质层,分别使用了具有三段不同通道宽度的迷宫结构。通过调节通道宽度 B 和由板长 D 控制的通道长度来获取所需要的声学等效属性。

通过有限元数值仿真分析来验证所提出的由三明治单元构建的少层超表面全角度操控性能。建立了三种超表面有限元仿真模型进行横向对比:第一种为基于单层理想介质单元的传统超表面,第二种为三明治构型理想介质单元的少层超表面,第三种为基于迷宫结构的少层超表面。从辅助层的设计阻抗可以发现当入射角与折射角偏差越大时,单元的非对称性越明显。为了凸显非对称特征,以正入射条件下的 60°偏转和 80°偏转为设计工况。单元的宽度统一为 a =16 mm,工作频率为 3110 Hz。由于相位调控中的 2π 相位周期,单元分布具有周期性,周期宽度为 $\text{PD}=\lambda/(\sin\theta_i-\sin\theta_t)$。在 60°偏转中每个周期包含 8 个单元,而在 80°偏转中,每个周期仅由 7 个单元组成。设计的超表面单元离散度比较粗糙,但仍能取得比较好的操控效果。

在单元材料属性上,传统超表面中介质阻抗与背景介质相同。而基于理想材料的少层超表面的中间层阻抗为 $Z_2=14$,入射侧辅助层阻抗为 $Z_1=\sqrt{Z_2Z_i}$ =3.74,透射侧辅助层在 60°偏转下阻抗为 $Z_3=\sqrt{Z_2Z_t}=5.29$,在 80°偏转下阻抗为 $Z_3=\sqrt{Z_2Z_t}=8.98$。在迷宫结构少层超表面中,为了简便,将采取属性近似设计,其中结构板厚固定为 $w=0.5$ mm,功能段的通道宽度为 $B_2=1$ mm,功能段总体厚度为 $L_2=18$ mm。每个周期内板长 B_2 由 2.1 mm 伸长至 11.3

mm,此时功能段迷宫结构的等效阻抗在 13.5 至 15 变动。在两种角度操控中,入射侧辅助层保持不变,通道宽度为 $B_1 = 3.7$ mm,通道长度 $D_1 = 11.3$ mm。而透射侧的辅助层在两个角度偏转中并不一致,对于 60° 偏转通道宽度为 $B_3 = 2.7$ mm,板长 $D_3 = 12$ mm。对于 80° 偏转通道宽度为 $B_3 = 1.6$ mm,板长 $D_3 = 13$ mm。

图 4.29 给出了三种超表面在 60° 偏转中的散射声压场,其中入射波方向如黑色箭头所示。传统超表面透射声场受到不同方向散射波的干扰,呈现明显的干涉现象。而理想材料少层超表面通过非对称设计的三明治单元,实现了法向声阻抗匹配。声波可以自由地通过超表面并实现偏转,透射波前非常平整,没有散射波或反射波。而迷宫结构超表面中,虽然从迷宫结构等效声学属性上设计的理想属性存在偏差,但可以看到,相比于传统超表面,透射波前平整度得到了显著的提升,散射波的干扰明显减弱。

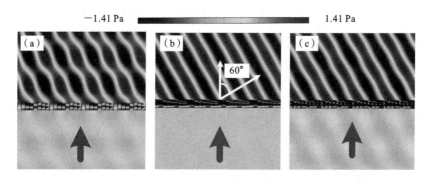

图 4.29 基于(a)理想介质传统超表面、(b)理想介质少层非对称超表面和(c)迷宫结构少层非对称超表面的 60° 偏转仿真散射场图

进一步对距离超表面 100 mm 处的透射声压场和反射声压场进行傅里叶变换,以得到声波的方向和幅值。如图 4.30(a)所示,透射声压场的傅里叶谱中存在三个峰值,分别对应于 $-60°$、$0°$ 和 $60°$ 方向传播波,其中 60° 方向为设计传播方向。三个超表面在 60° 方向上的声波幅值基本比较接近,分别为 1.32 Pa、1.40 Pa 和 1.37 Pa,对应的能量转化率分别为 87.1%、98.3% 和 95.0%。此外传统超表面在 $-60°$ 方向的散射波幅值较强,对设计透射波场形成了干扰。在反射声压场中,也存在对应 $-60°$、$0°$ 和 60° 三个方向的反射波(见图 4.30(b)),

其中理想材料少层超表面的反射波强度几乎为 0。迷宫结构少层超表面在一60°方向上反射波强度与传统超表面相近,这可能由于迷宫结构对少层单元设计属性的近似实现导致的。

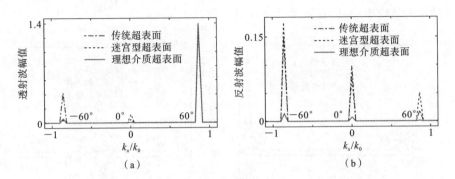

（a） （b）

图 4.30 60°偏转中(a)透射声压场和(b)反射声压场的傅里叶谱(彩图见书末插页)

图 4.31 给出了三种超表面在 80°偏转中的散射声压场,其中入射波方向如黑色箭头所示。传统超表面的透射声场呈现明显的干涉;而理想材料少层超表面在 80°的极端偏转中也取得了近乎完美的操控效果,透射波前平整且没有散射波或反射波;迷宫结构超表面也取得了较好的操控效果,透射波前较为平整。

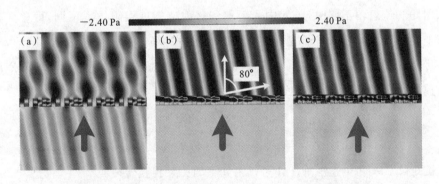

图 4.31 基于(a)理想介质传统超表面、(b)理想介质少层非对称超表面和(c)迷宫结构少层非对称超表面的 80°偏转仿真散射场图

从图 4.32 中距离超表面 100 mm 处的透射声压场和反射压场的傅里叶谱来看,传统超表面在 80°方向上的透射波的幅值为 1.52 Pa,远低于理想材料少层超表面和迷宫结构少层超表面的 2.39 Pa 和 2.36 Pa。传统超表面只有约

39.9%的入射声能转移到设计方向上的透射波中,逸出的能量导致与设计透射波产生干涉的散射波,损害了操控效果。而在理想材料少层超表面和迷宫结构少层超表面中,能量转换效率分别为99.3%和96.6%,其他方向上传播的散射波携带能量极小,对操控效果几乎没有影响。

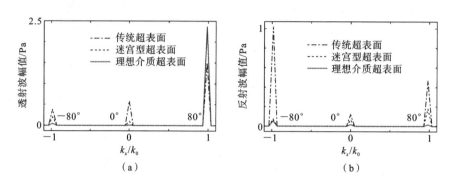

图4.32 距离超表面100 mm处80°偏转中(a)透射声压场和(b)反射声压场的傅里叶谱

4.3.3 少层非对称单元中的双各向异性响应

在此前电磁领域和声学领域对波的无散射操控研究中,利用单元的双各向异性响应是一种常用的方法。而在提出的三明治单元构型中,当操控场景中的入射角和透射角不同时,单元中入射侧和透射侧辅助层阻抗也不同,即单元具有非对称性。接下来将研究少层非对称单元中的双各向异性响应。

首先推导少层非对称单元的阻抗矩阵 $\mathbf{ZM}$,阻抗矩阵描述了单元两端声压与速度之间的关系:

$$\begin{bmatrix} p_i(x,0) \\ p_t(x,d) \end{bmatrix} = \begin{bmatrix} Z_{11} & Z_{12} \\ Z_{21} & Z_{22} \end{bmatrix} \begin{bmatrix} \hat{n} \cdot \vec{v}_i(x,0) \\ -\hat{n} \cdot \vec{v}_t(x,d) \end{bmatrix} = \mathbf{ZM} \begin{bmatrix} \hat{n} \cdot \vec{v}_i(x,0) \\ -\hat{n} \cdot \vec{v}_t(x,d) \end{bmatrix} \quad (4.28)$$

阻抗矩阵 $\mathbf{ZM}$ 和传递矩阵 $\mathbf{TM}$ 可以由如下的关系相互转换:

$$\begin{bmatrix} Z_{11} & Z_{12} \\ Z_{21} & Z_{22} \end{bmatrix} = \begin{bmatrix} \dfrac{M_{11}}{M_{21}} & \dfrac{M_{11}M_{22}-M_{12}M_{21}}{M_{21}} \\ \dfrac{1}{M_{21}} & \dfrac{M_{22}}{M_{21}} \end{bmatrix} \quad (4.29)$$

将式(4.25)代入到式(4.29)中,从而可得单元的阻抗矩阵为

$$\begin{bmatrix} Z_{11} & Z_{12} \\ Z_{21} & Z_{22} \end{bmatrix} = \begin{bmatrix} \mathrm{j}\dfrac{Z_1^2}{Z_2}\cot(kN_2L_2+\pi) & \mathrm{j}\dfrac{Z_1Z_3}{Z_2}\dfrac{1}{\sin(kN_2L_2+\pi)} \\ \mathrm{j}\dfrac{Z_1Z_3}{Z_2}\dfrac{1}{\sin(kN_2L_2+\pi)} & \mathrm{j}\dfrac{Z_3^2}{Z_2}\cot(kN_2L_2+\pi) \end{bmatrix} \quad (4.30)$$

由于非对称少层单元为线性时不变系统,因此在阻抗矩阵中有 $Z_{12}=Z_{21}$。将辅助层设计阻抗 $Z_1=\sqrt{Z_2Z_i}=\sqrt{Z_2Z_0/\cos\theta_i}$ 和 $Z_3=\sqrt{Z_2Z_t}=\sqrt{Z_2Z_0/\cos\theta_t}$ 代入式(4.30),同时将相位项表示为 $\varphi(x)=kN_2L_2+\pi$ 可以得到

$$\begin{cases} Z_{11}=\mathrm{j}\dfrac{Z_0}{\cos\theta_i}\cot\varphi(x) \\[2mm] Z_{12}=Z_{21}=\mathrm{j}\dfrac{Z_0}{\sqrt{\cos\theta_i\cos\theta_t}}\dfrac{1}{\sin\varphi(x)} \\[2mm] Z_{22}=\mathrm{j}\dfrac{Z_0}{\cos\theta_t}\cot\varphi(x) \end{cases} \quad (4.31)$$

可以看到少层单元的阻抗矩阵与之前的研究中得到的阻抗矩阵一致。图4.33给出了正入射($\theta_i=0°$)下偏转角 $\theta_t=80°$ 中一个周期内单元的阻抗矩阵元素分布。同时也基于有限元仿真模型利用双负载四麦克风法等效测量了迷宫结构少层单元的阻抗矩阵,结果如图4.33中星号所示,与理论值具有较好的一致性。

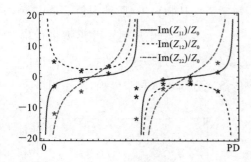

图4.33 单个周期内阻抗矩阵元素分布

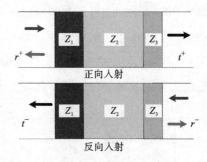

图4.34 单个单元在前向入射和后向入射激励下的反射和透射系数示意图

下面进一步研究非对称少层单元对不同方向声波激励的响应。如图4.34所示,单元被放置于波导中,分别从单元左侧和右侧发射入射波照射到单元上,即前向入射和后向入射,研究其反射和透射特征。其中前向入射和后向入射下

的反射和透射系数可以由阻抗矩阵推导为

$$
\begin{cases}
r^+ = \dfrac{(Z_{11} - Z_0)(Z_{22} + Z_0) - Z_{12}^2}{(Z_{11} + Z_0)(Z_{22} + Z_0) - Z_{12}^2} \\[3mm]
r^- = \dfrac{(Z_{11} + Z_0)(Z_{22} - Z_0) - Z_{12}^2}{(Z_{11} + Z_0)(Z_{22} + Z_0) - Z_{12}^2} \\[3mm]
t^+ = t^- = \dfrac{2 Z_{12} Z_0}{(Z_{11} + Z_0)(Z_{22} + Z_0) - Z_{12}^2}
\end{cases}
\tag{4.32}
$$

其中反射和透射系数中以正号（＋）代表前向入射激励，以负号（－）代表后向入射激励。可以看到当 $Z_{11} \neq Z_{22}$ 时，单元的前向反射系数 r^+ 与后向反射系数 r^- 不同，单元将表现出双各向异性响应。以正入射（$\theta_i = 0°$）下偏转角 $\theta_t = 80°$ 中的单元为例，辅助层阻抗为 $Z_1 = \sqrt{Z_2 Z_0}$ 和 $Z_3 = \sqrt{Z_2 Z_0 / \cos 80°}$，可以得到单元的反射和透射系数为

$$
\begin{cases}
r^+ = \dfrac{1 - \cos 80°}{1 + \cos 80°} e^{-j2\varphi_{(x)}} \\[3mm]
r^- = \dfrac{1 - \cos 80°}{1 + \cos 80°} \\[3mm]
t^+ = t^- = \dfrac{2\sqrt{\cos 80°}}{1 + \cos 80°} e^{-j\varphi_{(x)}}
\end{cases}
\tag{4.33}
$$

图 4.35 给出了单个周期内反射和透射系数的幅值和相位。可以看到不同激励方向对反射和透射系数的幅值没有影响。而从相位上，两种入射下透射声波的相位延迟与单元的设计相位延迟一致。后向入射中反射波并不携带相位延迟，而前向入射中的反射波携带两倍的设计相位延迟。这样的相位特征可以从阻抗失配引起的反射解释。在导管中传播波方向均垂直于界面，其法相声阻

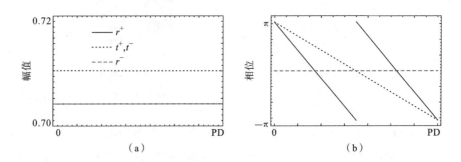

图 4.35 周期内单元在前向入射和后向入射激励下的反射和透射系数(a)幅值和(b)相位

抗等于背景阻抗 Z_0。在单元中左边界被设计与 $\theta_i = 0°$ 的法向声阻抗 $Z_i = Z_0$ 匹配,声波可以自由通过。而右边界被设计与 $\theta_t = 80°$ 的法向声阻抗 $Z_t = Z_0/\cos 80°$ 匹配,与波导中传播波的法向声阻抗失配,在右边界上会发生反射。后向传播中,声波在进入单元前发生反射时,因此反射系数不受单元相位控制影响。而在正向入射下,声波穿过单元后在单元右边界反射重新回到单元中,反射系数携带两倍的单元设计相位延迟。

第5章
声学拓扑绝缘体

引言

经过近 10 年的发展,声子晶体和超材料的能带理论已经相当成熟,这为声学拓扑相的引入打下了很好的基础。拓扑相的概念很快被引入声学领域,许多量子拓扑相已经扩展到声子系统。由于声学系统在时间和空间上都有更宏观的尺度,使得材料制造和测量过程比电子系统更容易、更精确,声学系统已经成为验证复杂拓扑现象的重要平台。本章首先从紧束缚模型出发讨论二维四方晶格和一维双 SSH 链中的拓扑相位和拓扑边界态。以紧束缚模型为基础构造二维四方晶格声学拓扑绝缘体和一维声学拓扑绝缘体,对声学拓扑绝缘体中的拓扑相位和拓扑边界态进行理论、仿真和实验研究,并对基于边界态的鲁棒声波传输和声波定向发射进行讨论。

5.1 二维声学拓扑绝缘体

5.1.1 四方晶格拓扑绝缘体紧束缚模型

四方晶格拓扑绝缘体紧束缚模型如图 5.1 所示,每个单元包含四个原子,A、B、C 和 D。该晶体的相邻格点具有不同的在位能 v_0 和 $-v_0$,原子间的跃迁为 w_1 和 w_2,该系统在坐标空间的哈密顿量为

$$H = \sum_n \left[w_1 \left(a_{B,n}^\dagger a_{A,n} + a_{A,n}^\dagger a_{D,n} \right) + w_2 \left(a_{C,n}^\dagger a_{B,n} + a_{D,n}^\dagger a_{C,n} \right) \right] + h.c.$$
$$+ \sum_n v_0 \left(a_{A,n}^\dagger a_{A,n} - a_{B,n}^\dagger a_{B,n} + a_{C,n}^\dagger a_{C,n} + a_{D,n}^\dagger a_{D,n} \right) \tag{5.1}$$

其中：$a(a^{\dagger})$是湮灭（产生）算子，其第一个下标表示每个单元中不同位置处的原子，第二个下标表示单元编号；$h.c.$代表复共轭。

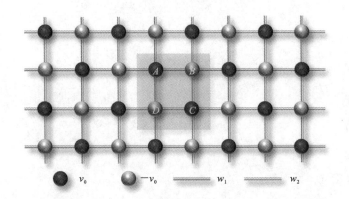

图5.1　四方晶格拓扑绝缘体紧束缚模型示意图（彩图见书末插页）

对式(5.1)进行傅里叶变换，可以得到动量空间中以四个原子的基态$(|A\rangle,|B\rangle,|C\rangle,|D\rangle)^{\mathrm{T}}$为基矢的$4\times4$哈密顿量：

$$\boldsymbol{H}=\begin{bmatrix} v_0 & w_1+w_1\mathrm{e}^{-ik_x} & 0 & w_1+w_1\mathrm{e}^{ik_y} \\ w_1+w_1\mathrm{e}^{ik_x} & -v_0 & w_2+w_2\mathrm{e}^{ik_y} & 0 \\ 0 & w_2+w_2\mathrm{e}^{-ik_y} & v_0 & w_2+w_2\mathrm{e}^{ik_x} \\ w_1+w_1\mathrm{e}^{-ik_y} & 0 & w_2+w_2\mathrm{e}^{-ik_x} & -v_0 \end{bmatrix} \quad (5.2)$$

容易看出，该系统在动量空间的M点$(k_x=k_y=\pi)$存在二重简并，而且当$v_0=0$时，该二重简并退化为四重简并。将$k_x=\pi+q_x,k_y=\pi+q_y$带入$H(k)$，其中q_x和q_y为偏离M点的小量，并将$H(k)$在M点线性展开得：

$$\boldsymbol{H}=\begin{bmatrix} v_0 & iw_1q_x & 0 & -iw_1q_y \\ -iw_1q_x & -v_0 & -iw_2q_y & 0 \\ 0 & iw_2q_y & v_0 & -iw_2q_x \\ iw_1q_y & 0 & iw_2q_x & -v_0 \end{bmatrix} \quad (5.3)$$

在简并点M，两个双重简并态可重组为赝自旋向上态$|d_+\rangle=(|B\rangle+i|D\rangle)/\sqrt{2}$和$|p_+\rangle=(|A\rangle+i|C\rangle)/\sqrt{2}$，以及赝自旋向下态$|d_-\rangle=(|B\rangle-i|D\rangle)/\sqrt{2}$和$|p_-\rangle=(|A\rangle-i|C\rangle)/\sqrt{2}$。以$(|p_+\rangle,|d_+\rangle,|p_-\rangle,|d_-\rangle)^{\mathrm{T}}$为基矢可将哈密顿

量重写为

$$H_{BHZ} = SHS^{\dagger} = \begin{bmatrix} M_+ & N \\ N^{\dagger} & M_- \end{bmatrix} \tag{5.4}$$

其中 S 是酉变换矩阵:

$$S = \begin{bmatrix} 1/\sqrt{2} & 0 & i/\sqrt{2} & 0 \\ 0 & 1/\sqrt{2} & 0 & i/\sqrt{2} \\ 1/\sqrt{2} & 0 & -i/\sqrt{2} & 0 \\ 0 & 1/\sqrt{2} & 0 & -i/\sqrt{2} \end{bmatrix} \tag{5.5}$$

M_+ 为赝自旋向上矩阵:

$$M_+ = \begin{bmatrix} v_0 & \dfrac{i(w_1 - w_2)q_x - (w_1 + w_2)q_y}{2} \\ \dfrac{-i(w_1 - w_2)q_x - (w_1 + w_2)q_y}{2} & -v_0 \end{bmatrix}$$

$$\tag{5.6}$$

M_- 为赝自旋向下矩阵:

$$M_- = \begin{bmatrix} v_0 & \dfrac{i(w_1 - w_2)q_x + (w_1 + w_2)q_y}{2} \\ \dfrac{-i(w_1 - w_2)q_x + (w_1 + w_2)q_y}{2} & -v_0 \end{bmatrix}$$

$$\tag{5.7}$$

N 为耦合矩阵:

$$N = \begin{bmatrix} 0 & \dfrac{i(w_1 + w_2)q_x + (w_1 - w_2)q_y}{2} \\ \dfrac{-i(w_1 + w_2)q_x - (w_1 - w_2)q_y}{2} & 0 \end{bmatrix}$$

$$\tag{5.8}$$

式(5.4)描述的物理机制类似于量子自旋霍尔效应,赝自旋向上的矩阵 M_+ 和赝自旋向下的矩阵 M_- 有符号相反的陈数,因此系统整体陈数为 0,是拓扑平凡的,其带隙中不存在边界态。但是,对于 v_0 的符号相反的两个晶体,两晶体的同一自旋态的陈数不同,此时两晶体之间同一自旋态对应的陈数之差不为零。

根据体-边界对应原理,两晶体之间将存在由两种自旋态分别产生的两对边界态且它们的群速度具有不同的方向,这种边界态受赝时间反演对称保护,具有一定的缺陷免疫能力。

该模型的能带结构可通过 $H\Phi = E\Phi$ 求解本征值得到,图 5.2(a)给出了 $w_1 = w_2 = w = 1$,$v_0 = 0.5$、$v_0 = 0$ 和 $v_0 = -0.5$ 的系统的能带图。可以看出,在 $v_0 = 0$ 时,能带图的 M 点存在四重简并,而 $v_0 \neq 0$ 时,四重简并被破坏,成为两个二重简并点。$v_0 = 0.5$ 和 $v_0 = -0.5$ 的两系统具有完全相同的能带结构,但在 M 点时两系统的晶胞波函数存在差异。$v_0 = 0.5$ 和 $v_0 = -0.5$ 的系统在 M 点的两个简并态的波函数如图 5.2(b)所示,从图中可以看出,如果适当选择晶胞(方框所示区域),两系统的两个简并能带可根据波函数对称性分为 s、d 组成的 d 能带和 p_x、p_y 组成的 p 能带。图 5.2(b)中的结果表明,当 v_0 由正向负变化

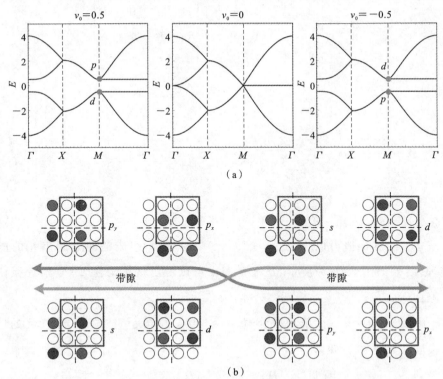

图 5.2 (a) $w = 1$,$v_0 = 0.5$、$v_0 = 0$ 和 $v_0 = -0.5$ 的系统的能带图;(b) $v_0 = 0.5$ 和 $v_0 = -0.5$ 的系统在 M 点的两个简并态的波函数

时系统发生了能带反转,这类似于电子拓扑绝缘体中导带和禁带的反转,意味着系统发生了拓扑相变。

$v_0=0.5$ 和 $v_0=-0.5$ 的晶体之间存在能带反转,因而具有不同的拓扑相位,在两者交界面会出现处于带隙中的边界态。该边界态可通过构造一方向上长度有限而另一方向周期性排布的结构进行验证。为了验证这种拓扑绝缘体之间的界面态,构造了两个在 x 方向周期性排布而在 y 方向有 20 个单元的超单元,其一为仅由 20 个 $v_0=0.5$ 的单元组成的简单超单元,另一个为由 10 个 $v_0=0.5$ 的单元和 10 个 $v_0=-0.5$ 的单元组成的复合超单元。边界态可通过超单元的能谱观察。仅由 20 个 $v_0=0.5$ 的单元组成的简单超单元的哈密顿量为 80×80 的矩阵:

$$\boldsymbol{H}_{20}=\begin{bmatrix} A & 0 & 0 & \cdots \\ B & A & 0 & \cdots \\ 0 & B & A & \cdots \\ \vdots & \vdots & \vdots & \ddots \end{bmatrix}+\begin{bmatrix} A & 0 & 0 & \cdots \\ B & A & 0 & \cdots \\ 0 & B & A & \cdots \\ \vdots & \vdots & \vdots & \ddots \end{bmatrix}^{\dagger} \tag{5.9}$$

其中:

$$\boldsymbol{A}=\begin{bmatrix} v_0/2 & 0 & 0 & w \\ w+we^{ik_x} & -v_0/2 & 0 & 0 \\ 0 & w & v_0/2 & w+we^{ik_x} \\ 0 & 0 & 0 & -v_0/2 \end{bmatrix}, \quad \boldsymbol{B}=\begin{bmatrix} 0 & 0 & 0 & 0 \\ 0 & 0 & 0 & 0 \\ 0 & w & 0 & 0 \\ w & 0 & 0 & 0 \end{bmatrix}$$

$$\tag{5.10}$$

求解 H_{20} 的本征值可以得到 20 个 $v_0=0.5$ 的单元组成的简单超单元的能谱,其结果如图 5.3(a)所示,从能谱图中可以看出该结构在 $E=0$ 附近存在带隙。

由 10 个 $v_0=0.5$ 的单元和 10 个 $v_0=-0.5$ 的单元组成的复合超单元的哈密顿量为 80×80 的矩阵:

$$\boldsymbol{H}'_{20}=\begin{bmatrix} \boldsymbol{H}_{10}^{+} & 0 \\ 0 & \boldsymbol{H}_{10}^{+} \end{bmatrix}+\begin{bmatrix} \boldsymbol{H}_{10}^{-} & 0 \\ 0 & \boldsymbol{H}_{10}^{-} \end{bmatrix}^{\dagger} \tag{5.11}$$

其中 $\boldsymbol{H}_{10}$ 和 $\boldsymbol{H}'_{10}$ 为 40×40 的矩阵:

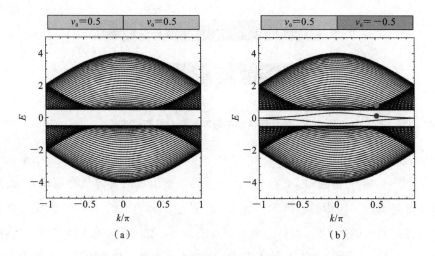

图 5.3　(a) 简单超单元的能谱；(b) 复合超单元的能谱

$$\boldsymbol{H}_{10}^{+}=\begin{bmatrix} A^{+} & 0 & 0 & \cdots \\ B & A^{+} & 0 & \cdots \\ 0 & B & A^{+} & \cdots \\ \vdots & \vdots & \vdots & \ddots \end{bmatrix}, \quad \boldsymbol{H}_{10}^{-}=\begin{bmatrix} A^{-} & 0 & 0 & \cdots \\ B & A^{-} & 0 & \cdots \\ 0 & B & A^{-} & \cdots \\ \vdots & \vdots & \vdots & \ddots \end{bmatrix} \quad (5.12)$$

其中：

$$\boldsymbol{A}^{\pm}=\begin{bmatrix} \pm v_0/2 & 0 & 0 & w \\ w+w\mathrm{e}^{ik_x} & \mp v_0/2 & w & 0 \\ 0 & w & \pm v_0/2 & w+w\mathrm{e}^{ik_x} \\ w & 0 & 0 & \mp v_0/2 \end{bmatrix}, \quad \boldsymbol{B}=\begin{bmatrix} 0 & 0 & 0 & 0 \\ 0 & 0 & 0 & 0 \\ 0 & w & 0 & 0 \\ w & 0 & 0 & 0 \end{bmatrix}$$

$$(5.13)$$

求解 $\boldsymbol{H}_{20}'$ 的本征值可以得到复合超单元的能谱，其结果如图 5.3(b) 所示。从能谱图可以看出复合超单元的体能带与简单超单元相似，都在 $E=0$ 附近存在带隙。但是复合超单元的带隙中出现了一对无能隙的模态。

图 5.4 进一步给出了带隙中无能隙的模态的波函数，与体模态相比较可知，该模态为存在于复合超单元两种单元界面处的边界态。

不同于晶体中的线缺陷态，这种两晶体之间的边界态与晶体拓扑性质有关，仅在拓扑相位不同的两晶体之间才能观察到拓扑边界态。为验证该结论，

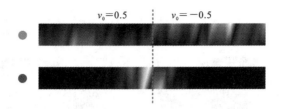

图 5.4 复合超单元中的体态和边界态的波函数

构造了由 10 个 $v_0=1$ 的单胞和 10 个 $v_0=0.5$ 的单胞组成的平凡复合超单元和由 10 个 $v_0=1$ 的单胞和 10 个 $v_0=-0.5$ 的单胞组成的奇异复合超单元,其哈密顿量与式(5.11)相似。图 5.5 给出了两种超单元的能谱,图 5.6 给出了体态和边界态的波函数,可以看到边界态存在于 $v_0=1$ 和 $v_0=-0.5$ 的晶体之间,而在 $v_0=1$ 和 $v_0=0.5$ 的晶体之间不存在界面态。这进一步说明该边界态有别于线缺陷态,其产生与晶体拓扑性质有关。

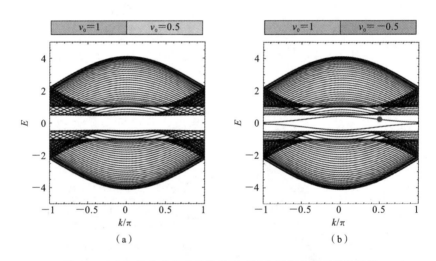

图 5.5 (a) 平凡复合超单元的能谱;(b)奇异复合超单元的能谱

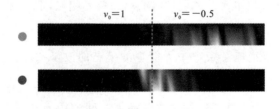

图 5.6 奇异复合超单元中的体态和边界态的波函数

5.1.2 四方晶格声学拓扑绝缘体

声学腔-通道网格结构与紧束缚模型有很好的对应关系,即声学腔-通道网格结构中的空腔等效为紧束缚模型中的原子,空腔的大小对应紧束缚模型中原子不同的化学势,而连接空腔的通道等效为跃迁。本节基于声学腔-通道网络构建四方晶格声学拓扑绝缘体。

该四方晶格声学拓扑绝缘体几何结构如图 5.7 所示,两种不同直径 D_1 和 D_2 的空腔以 $0.5a$ 的间距交替排布,相邻的空腔以宽度为 w 的通道连接形成方形腔-通道网格结构,空腔和通道边界均为刚性边界。实现声波类量子自旋霍尔效应的关键是增加自由度形成二重简并态以模拟赝自旋和赝自旋轨道耦合。因此,材料的能带结构中需要四重简并点,也就是说单元中需包含四个及以上的个声腔。参考紧束缚模型中能带反转的晶胞,选择图 5.7 中虚线框内的具有四个声腔的单元。该单元实际上是最小单元的两倍,但是实现四重简并的最小单元。

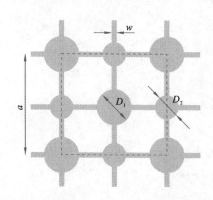

图 5.7 四方晶格声学拓扑绝缘体几何结构图

这种腔-通道网格结构可以等效为图 5.8 所示的电容-电感器电路,其中空腔充当电容器 $C_i = S_i/\rho c^2$,通道充当电感器 $M = \rho(l/w)$(S_i 是空腔的面积,ρ 是空气密度($1.225 \ \mathrm{kg/m^3}$),c 是空气中的声速($343 \ \mathrm{m/s}$),l 是通道的有效长度,w 是通道的宽度)。在该分析模型中,电压被定义为声压 p,而电流与通过通道横截面的总体积流量 I 相关联。通过将基尔霍夫电压定律应用于等效电路,可以得出以下线性方程组:

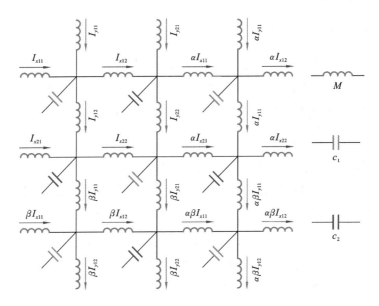

图 5.8 四方晶格声学拓扑绝缘体等效电路图

$$
\begin{bmatrix}
-Z_1-\alpha Z_2 & Z_1+Z_2+Z_3 & 0 & 0 & -Z_1 & Z_1 & Z_2 & -Z_2 \\
\alpha(Z_1+Z_2+Z_3) & -\alpha Z_1-Z_2 & 0 & 0 & \alpha Z_1 & -\alpha Z_1 & -Z_2 & Z_2 \\
0 & 0 & -\alpha Z_1-Z_2 & Z_1+Z_2+Z_3 & \beta Z_2 & -Z_2 & -\beta Z_1 & Z_1 \\
0 & 0 & \alpha(Z_1+Z_2+Z_3) & -Z_1-\alpha Z_2 & -\alpha\beta Z_2 & \alpha Z_2 & \beta Z_1 & -Z_1 \\
-Z_1 & Z_1 & Z_2 & -Z_2 & -Z_1-\beta Z_2 & Z_1+Z_2+Z_3 & 0 & 0 \\
\beta Z_1 & -\beta Z_1 & -Z_2 & Z_2 & \beta(Z_1+Z_2+Z_3) & -\beta Z_1-Z_2 & 0 & 0 \\
\alpha Z_2 & -Z_2 & -\alpha Z_1 & Z_1 & 0 & 0 & -\beta Z_1-Z_2 & Z_1+Z_2+Z_3 \\
-\alpha\beta Z_2 & \beta Z_2 & \alpha Z_1 & -Z_1 & 0 & 0 & \beta(Z_1+Z_2+Z_3) & -Z_1-\beta Z_2
\end{bmatrix}
$$

$$
\times
\begin{bmatrix}
I_{x11} \\
I_{x12} \\
I_{x21} \\
I_{x22} \\
I_{y11} \\
I_{y12} \\
I_{y21} \\
I_{y22}
\end{bmatrix}
= \boldsymbol{A}\boldsymbol{I}_{xy} = 0
\tag{5.14}
$$

其中 $Z_1 = 1/\mathrm{i}\omega C_1$，$Z_2 = 1/\mathrm{i}\omega C_2$，$Z_3 = \mathrm{i}\omega M$，$\alpha = \mathrm{e}^{-\mathrm{i}k_x a}$，$\beta = \mathrm{e}^{-\mathrm{i}k_y a}$，$k_x(k_y)$ 是 $x(y)$ 方向上的波数。对于非平凡解，系数矩阵 A 的行列式必须为零，以此可计算出周期网格的色散方程：

$$4(A_-^2 - 16A_+ + 32) - 16Z_3\left(\frac{1}{Z_1} + \frac{1}{Z_2}\right)(A_+ - 6) - \frac{4Z_3^2}{Z_1 Z_2}(A_+ - 14)$$

$$+ 8Z_3^2\left(\frac{2}{Z_1^2} + \frac{2}{Z_2^2} + \frac{Z_3}{Z_1 Z_2^2} + \frac{Z_3}{Z_1^2 Z_2}\right) + \frac{Z_3^4}{Z_1^2 Z_2^2} = 0 \tag{5.15}$$

其中：$A_\pm = \cos k_x a \pm \cos k_y a$。

在第一布里渊区的 M 点处，式(5.15)可简化为

$$(4Z_1 + Z_3)^2 (4Z_2 + Z_3)^2 = 0 \tag{5.16}$$

当 $Z_1 = Z_2 = Z_0$ 时，式(5.16)可以进一步简化为

$$(4Z_0 + Z_3)^4 = 0 \tag{5.17}$$

式(5.16)和式(5.17)表明，当 $Z_1 = Z_2$（即 $D_1 = D_2$）时，能带在 M 点处存在四重简并态，并且通过打破平移对称性 $T_x := (x) \to (x + a/2)$，$T_y := (y) \to (y + a/2)$，可以使该四重简并态分裂为两个二重简并态，同时在 $\omega_1 = 2/\sqrt{MC_1}$ 和 $\omega_2 = 2/\sqrt{MC_2}$ 之间打开带隙。这种现象与紧束缚模型中的结果相同。

式(5.15)描述了四方晶格结构在倒空间的色散关系，可以之求解材料的能带图。材料的能带结构也可以通过 COMSOL Multiphysics 以数值仿真方式获得。在数值仿真中，构建了 $a = 4$ cm，$w = 0.05a$，$D_1 = 0.33a$，$D_2 = 0.2a(D_1 > D_2)$ 和 $a = 4$ cm，$w = 0.05a$，$D_1 = 0.2a$，$D_2 = 0.33a(D_1 < D_2)$ 的材料，其能带计算结果如图 5.9 中的实线所示，由式(5.15)计算的能带图也以灰色虚线绘制在图 5.9 中。从能带图中可以看出，除了在较高频率区域数值结果与解析解存在一些偏移之外，两种方法得到的能带结构十分近似。在低频区域，结构尺寸比波长小得多，等效模型的适用性更好，因此两种方法计算得到的能带结构基本彼此一致。

$D_1 = D_2 = 0.33a$ 的材料的能带图也被绘制在图 5.9 中，可以看到对称破坏（$D_1 \neq D_2$）前后材料的能带结构直观地呈现了布里渊区 M 点处的四重简并点和两个二重简并点。此外，值得注意的是 $D_1 > D_2$（$D_1 = 0.33a$，$D_2 = 0.2a$）和 $D_1 < D_2$（$D_1 = 0.2a$，$D_2 = 0.33a$）的材料具有相同的能带结构。

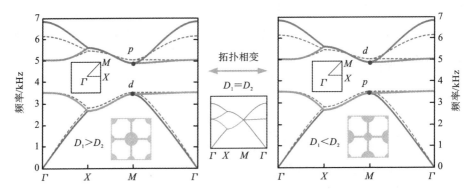

图 5.9 $D_1 > D_2$、$D_1 = D_2$ 和 $D_1 < D_2$ 的材料能带图

从宏观上看这两个单元代表了完全相同的周期性结构,但是 $D_1 > D_2$ 和 $D_1 < D_2$ 的单元具有不同的拓扑相位。为了证实这一点,进一步研究了二重简并态的声压分布。如图 5.10 所示,可以看到四重简并点实际上是一对具有相反奇偶性的二重简并态之间的交点。偶宇称双重态(表示为 d)由 s 和 d 态组成,奇宇称双重态(表示为 p)由 p_x 和 p_y 态组成。当系统参数从 $D_1 > D_2$ 调节到 $D_1 < D_2$ 时,会发生带反转。这种现象类似于电子拓扑绝缘体中的导带和价带反转,因此该声子晶体可实现声学类量子自旋霍尔效应。

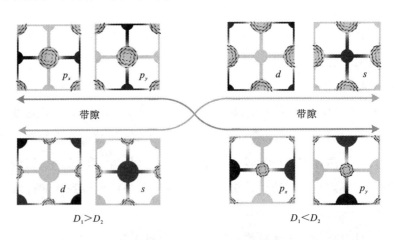

图 5.10 $D_1 > D_2$ 和 $D_1 < D_2$ 单元的二重简并态声压分布

$D_1 > D_2$ 和 $D_1 < D_2$ 的晶体之间存在能带反转,因而具有不同的拓扑相位,赝自旋相关的单向传输边界态是声学拓扑绝缘体的重要特征。该边界态

可通过构造一方向上长度有限而另一方向周期性排布的结构进行验证。为此设计了一个在 y 方向上有 4 个 $D_1 > D_2$（$D_1 = 0.33a$，$D_2 = 0.2a$）的单元和 4 个 $D_1 < D_2$（$D_1 = 0.2a$，$D_2 = 0.33a$）的单元的复合超单元，超单元 x 方向的边界为周期性边界。为了对比，又设计了仅由 8 个 $D_1 > D_2$ 的单胞构成的简单超单元。

在 COMSOL Multiphysics 中构建了这两个超单元的有限元模型，并采用其声学模块中的本征频率求解器计算超单元在带隙附近的能带结构。简单超单元和复合超单元的能带图如图 5.11 所示，从图中可以看出，简单超单元在 3500～5000 Hz 之间不存在本征模式，该频段与能带结构中的带隙相符合。但是，复合超单元在带隙中出现了体模态之外的其他模态，其能带由无能隙的两条能带组成，这与紧束缚模型中的结果相似。图 5.12 给出了 3900 Hz 和 4150 Hz 下边界态的声压分布（在图 5.11 中标记为 A/B 和 C/D），可以看到带隙内的边界态声压被限制在界面处，并在晶体内逐渐衰减。进一步的研究表明，边界处的声强（图 5.12 中黑色箭头）呈现逆时针（顺时针）状态，对应赝自旋向上（赝自旋向下）。以 A 点和 B 点为例，A 点赝自旋向上，其对应的动量为负，B 点赝自旋向下，其对应的动量为正，因此边界态的动量与声波的赝自旋锁定。

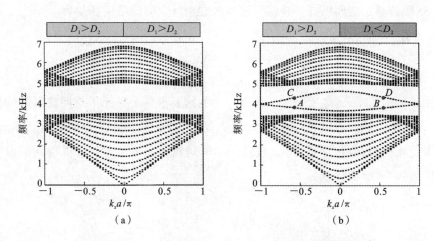

图 5.11 (a)简单超单元和(b)复合超单元的能带图

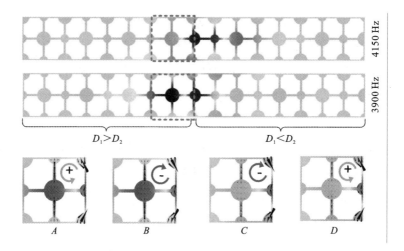

图 5.12 3900 Hz 和 4150 Hz 下边界态的声压分布

5.2 一维声学拓扑绝缘体

5.2.1 DSSH 模型紧束缚模型

如图 5.13(a)所示,双 Su-Schrieffer-Heeger(DSSH)链的每个单元包含四个原子位点,A、B、C 和 D。两条具有相同胞间跃迁 u 但不同胞内跃迁 w_1 和 w_2 的 SSH 链通过链间跃迁 v 连接。该系统在坐标空间的哈密顿量为

$$H = \sum_n [w_1 a_{B,n}^\dagger a_{A,n} + w_2 a_{D,n}^\dagger a_{C,n} + v(a_{C,n}^\dagger a_{B,n} + a_{A,n}^\dagger a_{B,n})] + h.c.$$
$$+ \sum_n [u(a_{A,n+1}^\dagger a_{B,n} + a_{D,n+1}^\dagger a_{C,n})] + h.c. \tag{5.18}$$

其中:$a(a^\dagger)$ 是湮灭(产生)算子,其第一个下标表示每个单元中不同位置处的原子,第二个下标表示单元编号;$h.c.$ 代表复共轭;w、v 和 u 是电子的跃迁积分。为了简化模型,令化学势为 0。对式(5.18)进行傅里叶变换,可以得到动量空间中的 4×4 哈密顿量:

$$H(k) = \begin{bmatrix} 0 & w_1 + ue^{-ik} & 0 & v \\ w_1 + ue^{ik} & 0 & v & 0 \\ 0 & v & 0 & w_2 + ue^{ik} \\ v & 0 & w_2 + ue^{-ik} & 0 \end{bmatrix} \tag{5.19}$$

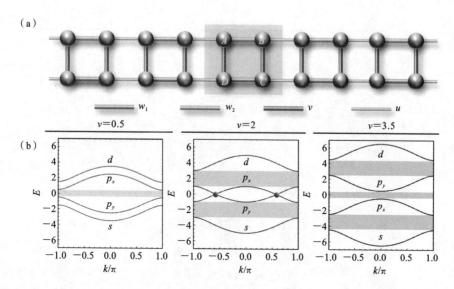

图 5.13 (a) DSSH 模型示意图；(b) 具有不同 v 值的 DSSH 模型的能带图（彩图见书末插页）

其中：k 是布洛赫波矢。该模型的能带结构可通过 $H\Phi = E\Phi$ 求解本征值得到，其中 $\Phi = (\phi_A, \phi_B, \phi_C, \phi_D)$ 是单胞内原子的基矢。图 5.13(b) 中给出了三条 DSSH 链的能带图，三条 DSSH 链的参数为 $u = 1$、$w_1 = w_2 = 2$ 和 $v = 0.5, 2$, 3.5。从图中可以看出 DSSH 链有四条能带，根据布里渊区中心处波函数的对称性，可以将四条能带命名为 s、p_x、p_y 和 d。观察 $v = 2$ 的 DSSH 链的能谱可以发现，p_x 和 p_y 在 $E = 0$ 处相交产生一对简并点。与原始 SSH 链中两个相邻能带仅在布里渊区边界处形成一个简并点不同，该 DSSH 链中的简并点成对出现，且简并点在动量空间中的位置可以通过改变跃迁参数来移动，例如链间跃迁 v。

两条 SSH 链中的胞内跃迁的对称性破坏将打开 DSSH 链中两个 p 能带的简并点，并产生拓扑非平凡的带隙。为了便于描述，令 $w_1 = w_0(1+m)$，$w_2 = w_0(1-m)$。图 5.14 给出了 $u = 1$、$v = 2$、$w_0 = 2$ 和 $m = -0.25, 0, 0.25$ 的 DSSH 模型能带图。可以看出 $m \neq 0$ 时处在 $E = 0$ 的简并点被打开并产生了带隙。由于 s 能带和 d 能带远离位于 $E = 0$ 处的简并点，因此可通过将哈密顿量投影到约化基矢 (ϕ_B, ϕ_C) 上，将哈密顿量 $H(k)$ 简化为等效的 2×2 哈密顿量。尽管这种简化在能带的能量上会存在一些差异，但产生的两能带模型会保留原始四能带模型的部分拓扑性质。式 (5.19) 的特征值问题可写为如下形式：

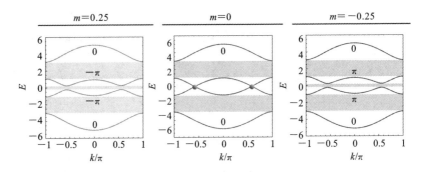

图 5.14 $u=1, v=2, w_0=2$ 和 $m=-0.25$、0、0.25 的 DSSH 模型能带图

$$H_{12}\phi_B + H_{14}\phi_D = E\phi_A \tag{5.20}$$

$$H_{21}\phi_A + H_{23}\phi_C = E\phi_B \tag{5.21}$$

$$H_{32}\phi_B + H_{34}\phi_D = E\phi_C \tag{5.22}$$

$$H_{41}\phi_A + H_{43}\phi_C = E\phi_D \tag{5.23}$$

这里的 H_{ij} 是原始 4×4 哈密顿量 $H(k)$ 的元素。为了用 ϕ_B、ϕ_C 表示 ϕ_A、ϕ_D，将式 (5.20) 和式 (5.23) 改写为

$$\phi_D = (E\phi_A - H_{12}\phi_B)/H_{14}$$
$$\phi_A = (E\phi_D - H_{43}\phi_C)/H_{41} \tag{5.24}$$

通过相互替换，可以得到以下等式：

$$\phi_A\left(1 - \frac{E^2}{H_{14}H_{41}}\right) = -\frac{EH_{12}}{H_{14}H_{41}}\phi_B - \frac{H_{43}}{H_{41}}\phi_C \tag{5.25a}$$

$$\phi_D\left(1 - \frac{E^2}{H_{14}H_{41}}\right) = -\frac{EH_{43}}{H_{14}H_{41}}\phi_C - \frac{H_{12}}{H_{14}}\phi_B \tag{5.25b}$$

在简并点附近，$E \to 0$ 始终成立。通过忽略式 (5.25) 中的小量 $E^2/(H_{14}H_{41})$，并将其代入式 (5.21) 和式 (5.22)，可以得到基于 ϕ_B、ϕ_C 的特征值问题：

$$\left(H_{23} - \frac{H_{21}H_{43}}{H_{41}}\right)\phi_C = \left(1 + \frac{H_{21}H_{12}}{H_{14}H_{41}}\right)E\phi_B$$
$$\left(H_{32} - \frac{H_{12}H_{34}}{H_{14}}\right)\phi_B = \left(1 + \frac{H_{34}H_{43}}{H_{14}H_{41}}\right)E\phi_C \tag{5.26}$$

参考式 (5.20) 可以得到：

$$H'(k)\begin{bmatrix}\phi_B \\ \phi_C\end{bmatrix} = E\begin{bmatrix}\phi_B \\ \phi_C\end{bmatrix} \tag{5.27}$$

其中 $H'(k)$ 是 2×2 哈密顿量：

$$H'(k)=\begin{bmatrix} 0 & \dfrac{v-(w_2+ue^{-ik})(w_1+ue^{ik})/v}{1+(w_1+ue^{-ik})(w_1+ue^{ik})/v^2} \\[3mm] \dfrac{v-(w_1+ue^{-ik})(w_2+ue^{ik})/v}{1+(w_2+ue^{-ik})(w_2+ue^{ik})/v^2} & 0 \end{bmatrix}$$

$$(5.28)$$

重新考虑简并点附近的假设，在简并点附近满足 $E\to0$，$w_1\to w_2$ 以及 H'_{12}、H'_{21} $\to0$。也就是说 $1-(w_1+ue^{-ik})(w_1+ue^{ik})/v^2\to0$，因此，$1+(w_1+ue^{-ik})(w_1+ue^{ik})/v^2\to2$。等效 2×2 哈密顿量可以进一步简化为

$$\boldsymbol{H}_{\text{eff}}(k)=\begin{bmatrix} 0 & h^*(k) \\ h(k) & 0 \end{bmatrix} \qquad (5.29)$$

其中 $h(k)=[v^2-(w_1+ue^{-ik})(w_2+ue^{ik})]/2v$，参数为 $u=1$、$v=2$、$w_0=2$ 和 $m=-0.25$，0，0.25 的等效两能带模型的能带结构如图 5.15 中的虚线曲线所示。除了在能量远离 $E=0$ 时发生一些偏移外，$H_{\text{eff}}(k)$ 很好地近似了 $H(k)$ 的两个 p 能带的能谱，这说明了简化模型的有效性。当 $m=0$ 时，应满足 $|2uw_0|>|v^2-w_0^2-u^2|$，以确保 $E=0$ 处存在简并点。$H_{\text{eff}}(k)$ 的特征值为 $E(k)=\pm|h(k)|$，特征向量为 $|\pm\rangle=(\pm e^{-i\cdot\phi(k)},1)/\sqrt{2}$，其中 $\phi(k)=\arg(h(k))$。当 $|2uw_0|>|v^2-w_0^2-u^2|$，该有效二能带模型的 Zak 相位可计算为

$$\gamma=i\langle\pm|\nabla_k|\pm\rangle=\frac{1}{2}\int_{-\pi}^{\pi}dk\frac{d}{dk}\varphi(k)=\frac{1}{2}\varphi(k)\Big|_{-\pi}^{\pi}=\text{sign}(m)\cdot\pi$$

$$(5.30)$$

式(5.30)表明，非零 m 不仅会破坏简并点，而且还会在两能带系统中引入拓扑

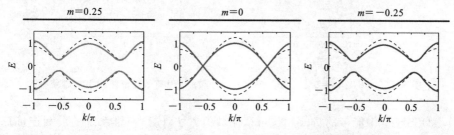

图 5.15 $u=2$，$v=1$，$w_0=2$ 和 $m=-0.25$、0、0.25 时有效两能带模型的能谱（虚线曲线）以及 DSSH 模型对应的 p 能带（实线曲线）

相位 $\mathrm{sign}(m) \cdot \pi$。

进一步引入泡利矩阵 σ_x 和 σ_y，$H_{\mathrm{eff}}(k)$ 可以表示为

$$H_{\mathrm{eff}}(k) = h_x(k)\sigma_x + h_y(k)\sigma_y \tag{5.31}$$

其中 $h_x(k) = (v^2 - w_0^2 + w_0^2 m^2 - u^2 - 2uw_0\cos k)/2v$，$h_y(k) = -(muw_0\sin k)/v$。当 k 在布里渊区从 $0\sim 2\pi$ 变化时，$h_x(k)$ 和 $h_y(k)$ 在平面 $h_x(k) - h_y(k)$ 的轨迹为一个闭环曲线。系统的拓扑相变可以通过卷绕数直观观察，卷绕数定义为闭环曲线围绕 $h_x(k) - h_y(k)$ 平面原点的绕圈次数。如图 5.16 所示，$m = \pm 0.25$ 的模型在平面内具有相同形状但缠绕方向相反的回路，对应于 ± 1 的卷绕数。

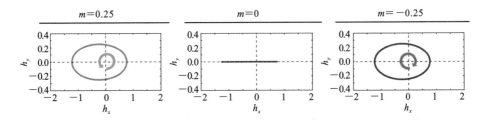

图 5.16 $u=2$，$v=1$，$w_0=2$ 和 $m=-0.25$、0、0.25 时有效两能带模型的卷绕数

$u=1$，$m=0.25$，$w_0=2$ 和 $v=0.5$、3.5 的拓扑平凡系统的卷绕回路如图 5.17所示，可以看到这些系统的卷绕数为 0。值得注意的是，如果有效双带模型的基矢从 $(\phi_B, \phi_C)^{\mathrm{T}}$ 改为 $(\phi_C, \phi_B)^{\mathrm{T}}$，则有效二能带哈密顿量应为 $H_{\mathrm{eff}}^*(k)$，在这种情况下，Zak 相位和卷绕数都将改变符号。然而，这并不影响该模型描述的拓扑性质转换。

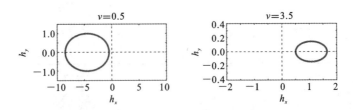

图 5.17 $u=2$，$m=0.25$，$w_0=2$ 和 $v=0.5$、3.5 时有效两能带模型的卷绕数

DSSH 链中能带的 Zak 相位可以用数值方法计算，一维系统的贝利连接形式如下：

$$A(k) = <\psi(k)|\mathrm{i}\partial_k|\psi(k)>\mathrm{d}k \tag{5.32}$$

其中：k 是布洛赫波数；ψ 是系统的归一化波函数（$<\psi(k)|\psi(k)>=1$），即紧束缚模型的本征向量。

Zak 相位 γ 可以通过将整个布里渊区上的贝利连接 $A(k)$ 积分得到：

$$\gamma = \int_{BZ} A(k) \tag{5.33}$$

图 5.18 中给出了两个 DSSH 链（$u=2$，$v=1$，$w_0=2$ 和 $m=-0.25$、0.25）的贝利连接和 Zak 相位。所有非简并能带的 Zak 相位都已在图 5.14 中标出。结果证实了非零 m 将破坏 p 能带的简并，并将拓扑相位引入 DSSH 链。

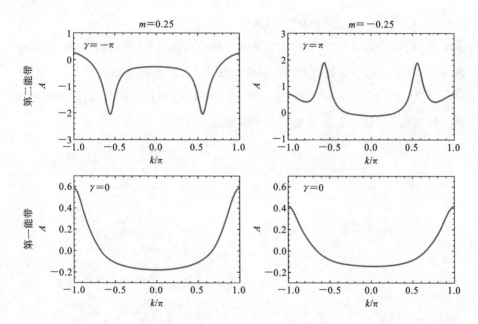

图 5.18　$u=2$，$v=1$，$w_0=2$ 和 $m=-0.25$、0.25 时 DSSH 模型第一、二能带的贝利连接

带隙的拓扑相位与低于该带隙的所有能带的拓扑相位之和有关。在以上讨论的 $m=\pm0.25$ 的 DSSH 链中，两者第一能带的 Zak 相位都为 0，第二能带 Zak 相位为 $\pm\pi$，因此，$m=\pm0.25$ 的 DSSH 链的第二带隙都是拓扑非平凡的，对于拓扑非平凡的系统，在有限大样品的边缘会出现存在于带隙中的拓扑边界态。该边界态可通过有限长链的能谱得出。由 $m=0.25$ 的 40 个单元构成的有限长 DSSH 链的哈密顿量为 160×160 的矩阵：

$$H_{40} = \begin{bmatrix} A & 0 & 0 & \cdots \\ B & A & 0 & \cdots \\ 0 & B & A & \cdots \\ \vdots & \vdots & \vdots & \ddots \end{bmatrix} + \begin{bmatrix} A & 0 & 0 & \cdots \\ B & A & 0 & \cdots \\ 0 & B & A & \cdots \\ \vdots & \vdots & \vdots & \ddots \end{bmatrix}^{\dagger} \tag{5.34}$$

其中：

$$A = \begin{bmatrix} 0 & v & 0 & 0 \\ 0 & 0 & 0 & w_2 \\ w_1 & 0 & 0 & 0 \\ 0 & 0 & v & 0 \end{bmatrix}, \quad B = \begin{bmatrix} 0 & 0 & u & 0 \\ 0 & 0 & 0 & u \\ 0 & 0 & 0 & 0 \\ 0 & 0 & 0 & 0 \end{bmatrix} \tag{5.35}$$

求解 H_{40} 的本征值可以得到由 40 个单元组成的有限长 DSSH 链的能谱,其结果如图 5.19(a)所示。从能谱图中可以看出在 $E = 0$ 附近的带隙中存在两个孤立的点态 B。这两个点态在无限大的周期性 DSSH 链中并不存在,因此这两个孤立点态必然与有限长 DSSH 链的两个截断边界有关。

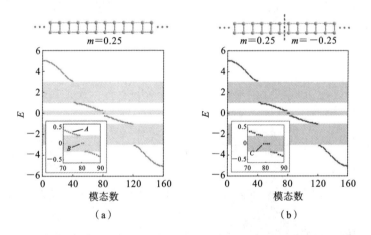

图 5.19 (a) 由 40 个 $m = 0.25$ 的单元组成的有限长 DSSH 链的能谱;(b) 由 20 个 $m = 0.25$ 的单元和 20 个 $m = -0.25$ 的单元组成的有限长 DSSH 链的能谱

由于 $m = \pm 0.25$ 的 DSSH 链 Zak 相位为 $\pm \pi$。根据体-边界对应原理,边界态的数量与两种材料的拓扑荷之差有关,由于 $|-\pi - \pi|/\pi = 2$,因此在 $m = \pm 0.25$ 的 DSSH 链的界面处应该存在两个界面态。为检验这种拓扑边界态构造了由 20 个 $m = 0.25$ 的单胞和 20 个 $m = -0.25$ 单胞组成的复合有限长

DSSH 链,如图 5.19(b)所示,其哈密顿量为 160×160 的矩阵:

$$\boldsymbol{H}'_{40} = \begin{bmatrix} \boldsymbol{H}_{20} & 0 \\ 0 & \boldsymbol{H}'_{20} \end{bmatrix} + \begin{bmatrix} \boldsymbol{H}_{20} & 0 \\ 0 & \boldsymbol{H}'_{20} \end{bmatrix}^{\dagger} \qquad (5.36)$$

其中 $\boldsymbol{H}_{20}$ 和 $\boldsymbol{H}'_{20}$ 为 80×80 的矩阵:

$$\boldsymbol{H}_{20} = \begin{bmatrix} \boldsymbol{A} & 0 & 0 & \cdots \\ \boldsymbol{B} & \boldsymbol{A} & 0 & \cdots \\ 0 & \boldsymbol{B} & \boldsymbol{A} & \cdots \\ \vdots & \vdots & \vdots & \ddots \end{bmatrix}, \quad \boldsymbol{H}'_{20} = \begin{bmatrix} \boldsymbol{A}' & 0 & 0 & \cdots \\ \boldsymbol{B} & \boldsymbol{A}' & 0 & \cdots \\ 0 & \boldsymbol{B} & \boldsymbol{A}' & \cdots \\ \vdots & \vdots & \vdots & \ddots \end{bmatrix} \qquad (5.37)$$

其中:

$$\boldsymbol{A} = \begin{bmatrix} 0 & v & 0 & 0 \\ 0 & 0 & 0 & w_2 \\ w_1 & 0 & 0 & 0 \\ 0 & 0 & v & 0 \end{bmatrix}, \quad \boldsymbol{A}' = \begin{bmatrix} 0 & v & 0 & 0 \\ 0 & 0 & 0 & w_1 \\ w_2 & 0 & 0 & 0 \\ 0 & 0 & v & 0 \end{bmatrix}, \quad \boldsymbol{B} = \begin{bmatrix} 0 & 0 & u & 0 \\ 0 & 0 & 0 & u \\ 0 & 0 & 0 & 0 \\ 0 & 0 & 0 & 0 \end{bmatrix}$$

$$(5.38)$$

图 5.19(b)显示了由 20 个 $m = 0.25$ 的单胞和 20 个 $m = -0.25$ 单胞组成的复合有限长 DSSH 链的能谱,其中在 $E = 0$ 附近的带隙中可以找到四个孤立态。由于复合 DSSH 链两端有两个自由边界,因此可以判断复合 DSSH 链中点处的交界面存在两个界面态。图 5.20(a)给出了对应于图 5.19 中的体态(A)、边界态(B)和界面态(C)的波函数分布,可以看出在单 DSSH 链中边界态波函数集中在链的两端,而复合 DSSH 链中除了边界态还存在局域在两链交界面的界面态。图 5.20(b)给出了组合链中成对界面态的波函数实部,从其中可以看到,由于组合链的几何对称性,在 $180°$ 旋转下两个波函数分别表现出反对称和对称。

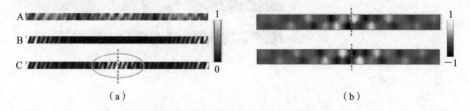

（a）　　　　　　　　　　　（b）

图 5.20　(a) 体态(A)、边界态(B)和界面态(C)的波函数分布;

(b) 复合 DSSH 链中两个界面态的波函数实部分布

不同于早期晶体研究中的缺陷态,这种两个 DSSH 链之间的界面态与 DSSH 链的拓扑性质有关,仅在拓扑相位不同的两链间才能观察到成对的界面态。图 5.21 给出了 $u=1$, $v=2$, $w_0=2$, $m=0.5$、0.2、-0.2 的 DSSH 的能带图及能带 Zak 相位,可以看到 $m=0.5$ 和 $m=0.2$ 的 DSSH 链的能带具有相同的拓扑性质,而 $m=-0.2$ 的 DSSH 链的拓扑性质与前两者存在差异。

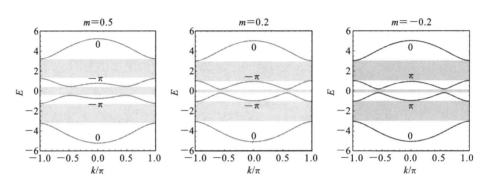

图 5.21 $u=1$, $v=2$, $w_0=2$, $m=0.5$、0.2、-0.2 的 DSSH 的能带图及能带 Zak 相位

接下来构造了由 20 个 $m=0.5$ 的单胞和 20 个 $m=0.2$ 的单胞组成的复合有限长 DSSH 链,其哈密顿量与式(5.36)相似。图 5.22(a)给出了该复合有限长 DSSH 链的能谱,其中在 $E=0$ 附近的带隙中可以找到两个孤立态。然而结合图 5.22(b)所给出的体态和边界态的波函数分布可以看出,两个孤立态均为分布在有限长链末端的边界态,而在 $m=0.5$ 和 $m=0.2$ 的 DSSH 链之间的交界面没有界面态。这说明拓扑性质相同的两链之间不存在界面态。

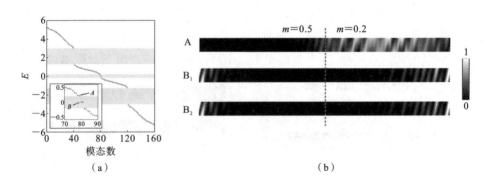

图 5.22 (a) $m=0.5$ 和 $m=0.2$ 的 DSSH 链构成的复合链能谱;(b)复合 DSSH 链中的体态 (A)和边界态(B_1、B_2)波函数分布

图 5.23(a)给出了由 20 个 $m=0.5$ 的单胞和 20 个 $m=-0.2$ 的单胞组成的复合有限长 DSSH 链的能谱。从能谱图可以看出该复合 DSSH 在 $E=0$ 附近的带隙中存在 4 个孤立态。再结合图 5.23(b)给出的体态和边界态的波函数分布可以看出，除了有限长链末端的两个边界态，在两链之间的界面还有两个界面态。图 5.22 和图 5.23 中的两条复合链的交界面都发生了参数突变，都可视为晶格缺陷，但是界面态的出现仅与界面两边系统的拓扑相位有关，因此有别于缺陷态。

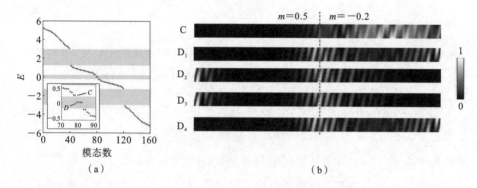

图 5.23 (a) $m=0.5$ 和 $m=-0.2$ 的 DSSH 链构成的复合链能谱；(b)复合 DSSH 链中的体态(C)和边界态(D_1、D_2、D_3、D_4)波函数分布

5.2.2 声学类 DSSH 波导

声学腔-通道网格结构与紧束缚模型有很好的对应关系，即声学腔-通道网格结构中的空腔等效为紧束缚模型中的原子，空腔的大小对应紧束缚模型中原子不同的化学势，而连接空腔的通道等效为跃迁。图 5.24(a)和(b)给出了 DSSH 模型和基于典型腔-通道网格的类 DSSH 声波导的能带结构模式和波函数(声压)分布，可以看出基于典型腔-通道网格的类 DSSH 声波导的前四条能带的模式与紧束缚模型中的 DSSH 链非常相似，其能带按布里渊区中心对应的波函数的对称性也可以分为 s、p_x、p_y 和 d。可见声学类 DSSH 波导与紧束缚模型中的 DSSH 链有很好的对应关系。为了方便实验样品加工，将经典腔-通道网格变形为图 5.24(c)中由矩形波导和周期性排布的散射体组成的声波导。在该波导中散射体之间的空腔和通道分别扮演了紧束缚模型中原子和跃迁的角

色,其能带和波函数亦与 DSSH 链相似,因此也可以视为 DSSH 链的声学类比。

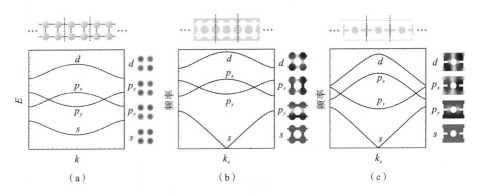

图 5.24 (a) DSSH 链、(b) 基于典型腔-通道网格的类 DSSH 声波导和(c)基于散射体的
类 DSSH 声波导的能带图以及布里渊区中心的波函数(声压)分布

图 5.25 给出了声学类 DSSH 波导的几何结构图,该声波导由宽度为 b 的
矩形波导、直径为 d 的圆形散射体和宽度为 h、长度为 l 的两个矩形组成的十字
形散射体组成。圆形散射体的圆心与波导在 y 方向上的中心之间的距离为 δt。
该周期性结构可视为准一维声子晶体。红色虚线标示出了晶格的晶胞,其晶格
常数为 a。背景介质为密度 $\rho_0 = 1.225$ kg/m³、声速 $c_0 = 343$ m/s 的空气。该波
导的能带图使用基于 COMSOL Multiphysics 的有限元仿真计算。图 5.26(a)
给出了 $a = 60$ mm、$b = 0.8a$、$l = 0.48a$、$h = 0.1a$、$d = 0.3a$ 和 $\delta t = 0$ 的波导的能
带结构。其能带结构表明在约 3000 Hz 的第二能带和第三能带之间存在两个
简并点(图中仅显示了第一布里渊区的一半)。图中给出了各能带在 $k = 0$ 时的
声压分布模式,其声压分布表明,这两个简并点可被视为矩形波导中零阶和一
阶传播模式的交点。这种简并点与由晶格对称保护的在动量空间高对称点处
的简并不同,它会随着参数变化消失,比如第二能带和第三能带远离之后将不
存在简并点。下面依然考虑相同的波导,但几何参数 δt 分别为 $0.1b$ 和 $-0.1b$,

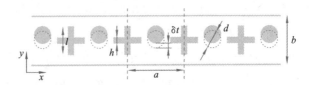

图 5.25 声学类 DSSH 波导几何结构图(彩图见书末附页)

也就是说波导在 y 方向上的镜像对称性被破坏。图 5.26 中所示的这两个波导的能带结构表明,第二能带和第三能带之间的简并点被分开,并且产生了从 2900 Hz 到 3200 Hz 的带隙。事实上,两个波导互为镜像,所以两个波导的能带结构彼此相同。然而,如果观察带隙附近能带顶点处的能流,从图中可以看出声能流在能带顶点出现了涡旋结构,而且 $\delta t = 0.1b$ 的波导第二能带和第三能带的涡旋分别为顺时针和逆时针方向。而 $\delta t = -0.1b$ 的波导中能流显示相反方向。这种涡旋态是因为能带顶点处声波群速度为 0,声能无法传递,因此呈现在单胞内旋转的状态。这种涡旋态通常是不同拓扑相位的特征。

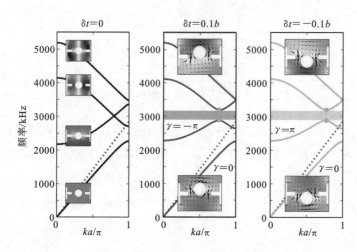

图 5.26 $a = 60$ mm,$b = 0.8a$,$l = 0.48a$,$h = 0.1a$,$d = 0.3a$ 和 $\delta t = 0$、$0.1b$、$-0.1b$ 的波导的能带图,虚线为空气的色散曲线

为了验证声学波导中的拓扑相位,采用数值方法计算了 $\delta t = 0.1b$ 和 $\delta t = -0.1b$ 的单胞的前两个能带的贝利连接和 Zak 相位。贝利连接和 Zak 相位的计算依然是基于式(5.32)和式(5.33),不过式中 ψ 的物理含义有所变化:ψ 是声波导单胞中的归一化声压分布。贝利连接和 Zak 相位的计算结果如图 5.27 所示,可以看到两个单胞的第一个能带的 Zak 相位都为 0,而两个单胞的第二个能带的 Zak 相位分别为 $-\pi$ 和 π。由于带隙的拓扑性质由该带隙下方所有能带的拓扑相位决定,而不依赖于更高能带的性质,因此可以得出结论:两个单胞的第一个带隙在拓扑上相同,而第二个带隙在拓扑上不同。

根据体-边界对应原理,Zak 相位为 $-\pi$ 和 π 的系统之间存在两个拓扑界面

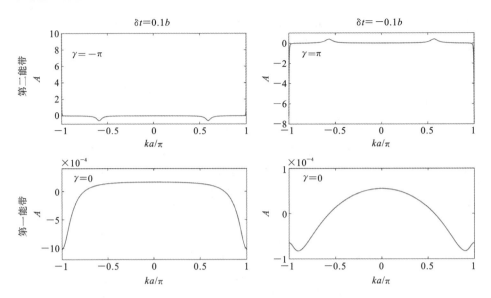

图 5.27 $\delta t = 0.1b$ 和 $\delta t = -0.1b$ 的单胞的前两个能带的贝利连接和 Zak 相位

态($|-\pi-\pi|/\pi=2$)。为了验证具有不同拓扑相位的波导之间的界面态,构建了一个由 $\delta t = 0.1b$ 的波导和 $\delta t = -0.1b$ 的波导连接而成的复合波导,命名为 p/b 波导。复合波导中的单胞数为 16,$\delta t = 0.1b$ 的单胞和 $\delta t = -0.1b$ 的单胞各 8 个。为了对比,又构建了仅由 16 个 $\delta t = 0.1b$ 的单胞构成的单一波导,命名为 p/p 波导。

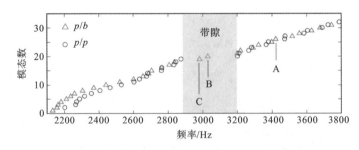

图 5.28 p/b 波导和 p/p 波导在带隙附近的频谱

在 COMSOL Multiphysics 中构建了这两个波导的有限元模型,并采用其声学模块中的本征频率求解器计算波导在带隙附近的模态频谱及对应的声压分布。p/b 波导和 p/p 波导在带隙附近的频谱如图 5.28 所示,从图中可以看出,p/p 波导在 2900~3200 Hz 之间不存在本征模态,这与图 5.26 所示的能带结构中的结果相符合。但是，p/b 波导在带隙中存在两个孤立态 B 和 C。图 5.29(a)进一步给出了体态 A 和两个孤立态 B、C 的声压分布，可以看到体态 A 的声波较均匀地分布在波导内，而两个孤立态被限制在两个波导的界面附近并在波导中沿着远离界面的方向衰减。这说明在两波导界面处存在两个边界态，与体-边界对应原理预测相同，证实了两个波导存在不同的拓扑相位。此外，进一步的研究表明，这对界面态的声压实部在 180° 旋转下分别是对称和反对称的，如图 5.29(b)所示，这与图 5.20 所示的 DSSH 模型中的结果相符合。值得一提的是，声波导的两端边界没有出现类似 DSSH 模型中的边界态，这是因为相比于 DSSH 模型的理论分析，声波导的边界态更容易受到边界条件的影响[156-158]。尽管如此，拓扑相变依然可以通过两个拓扑性质不同的波导之间的界面态证实。

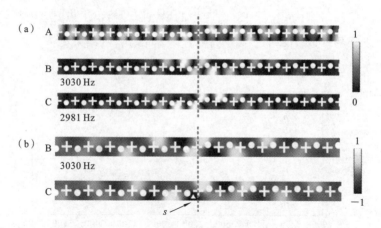

图 5.29 (a) 体态 A 和两个孤立态 B、C 的声压分布；(b) 两界面态的声压实部

不同于早期声子晶体研究中的缺陷态[35,36]，这种两个声学类 DSSH 波导之间的界面态与波导的拓扑性质有关，即仅在拓扑相位不同的两链间才能观察到成对的界面态。图 5.30 给出了 $\delta t = 0.15b$(p_1)、$\delta t = 0.05b$(p_2) 和 $\delta t = -0.05b$(b_1) 的波导能带图及能带 Zak 相位，可以看到 $\delta t = 0.15b$ 和 $\delta t = 0.05b$ 的声波导的能带具有相同的拓扑性质，而 $\delta t = -0.05b$ 的声波导与前两者存在差异。

接下来构造了由 20 个 $\delta t = 0.15b$ 的单胞和 20 个 $\delta t = 0.05b$ 的单胞组成的

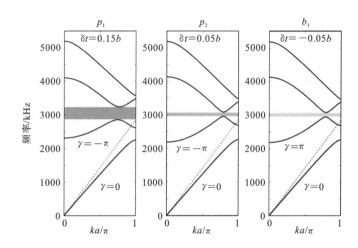

图 5.30 $\delta t = 0.15b$(p_1)、$\delta t = 0.05b$(p_2)和 $\delta t = -0.05b$(b_1)的波导能带图及能带 Zak 相位

复合声波导,命名为 p_1/p_2。图 5.31 中的黑色圆圈给出了该复合波导的频谱,其显示波导在 3000 Hz 附近存在带隙,这与能带分析的结果相符合。带隙中不存在孤立态,这说明拓扑性质相同的两链之间不存在界面态。

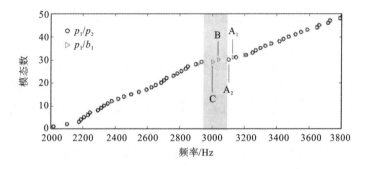

图 5.31 p_1/p_2 波导和 p_1/b_1 波导的频谱(彩图见书末插页)

又构造了由 20 个 $\delta t = 0.15b$ 的单胞和 20 个 $\delta t = -0.05b$ 的单胞组成的复合声波导,命名为 p_1/b_1。图 5.31 中的三角形给出了该复合波导的频谱,其显示在 p_1/b_1 波导的带隙内存在两个孤立态,再结合图 5.32 给出的体态和边界态的声压分布可以看出,这两个孤立态为两波导间的界面态。p_1/p_2 和 p_1/b_1 中的两个复合声波导的交界面都发生了几何参数突变,可视为晶格缺陷,但是界面态的出现仅与界面两边波导的拓扑相位有关,因此有别于缺陷态。

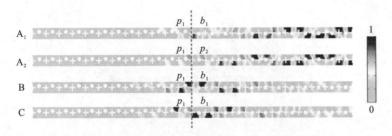

图 5.32　体态 A_1、A_2 和边界态 B、C 对应的声压分布

用光敏树脂通过光固化 3D 打印制作了前文中的声学类 DSSH 波导。如图 5.33 所示，该波导为高 30 mm 的三维结构，高度方向的截止频率为 5700 Hz，因此该波导在工作频段可视为二维波导。波导壁的厚度设置为 2 mm。

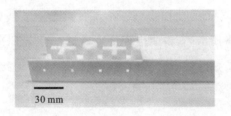

图 5.33　声学类 DSSH 波导实验模型

为了验证波导中的拓扑界面态，设计了拓扑边界态验证实验，其实验布置如图 5.34 所示。实验中，在波导的一端放置点声源（见图 5.35），分别测量了 p/p 和 p/b 波导中心处的声压。实验中所使用的声源为 Knowles 公司的动铁单元，Model ID CI-22955-000，尺寸为 9.5 mm×7.2 mm×4.1 mm。麦克风为 BSWA 的 MPA416(1/4 in，1 in＝2.84 cm，见图 5.36）。激励信号为 MATLAB 生成的 2000～4000 Hz 的线性调频信号。

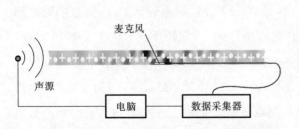

图 5.34　界面态验证实验的实验布置示意图

图 5.35　实验中使用的声学单极点声源

125

图 5.36　实验中使用的 1/4 in 麦克风

图 5.37 绘制了实验测量得到的 p/p 和 p/b 波导中的归一化声压幅值,从图中可以看出 p/p 波导在 3000 Hz 左右出现了明显的声压降低,这说明该频段存在带隙,声波在波导中的传播受到了抑制。对于 p/b 波导,可以看到其在带隙中出现了明显的声压增高,说明出现了边界态。对应于 p/b 波导中的两个界面态的两个峰可以清楚地被观察到。该实验结果与图 5.28 中有限元方法计算出的频谱分布一致。

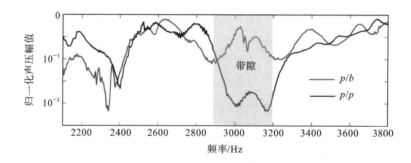

图 5.37　实验测量得到的 p/p 和 p/b 波导中点处的归一化声压幅值

为进一步验证边界态,因为波导在 180°旋转下是对称的,在实验中通过测量远离声源的 b 波导上侧和下侧的声压,给出了 3040 Hz(对应于带隙中声压幅值的最高峰值)时 p/b 波导中的声压分布(因为波导在 180°旋转下是对称的)。3040 Hz 时 p/b 波导中的声压分布如图 5.38 中带圈的线所示,图 5.38(a)中仿真得到的模态 C 的声压分布也绘制在图中进行对比,可以看出实验结果与数值仿真结果中的模态 C 相吻合。

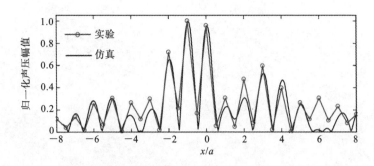

图 5.38 实验(带圈的线)和仿真(黑色直线)结果中波导的模态 C 的声压幅值

5.3 声学拓扑绝缘体典型应用

5.3.1 二维拓扑绝缘体的鲁棒边界态

二维声学拓扑绝缘体的边界态受拓扑保护,具有受赝时间反演对称保护的单向传输,为了验证二维声学拓扑绝缘体边界态的赝自旋相关单向传输,构造了一个包含 19×3 个 $D_1 > D_2$ 晶格(黄色)和 $D_1 < D_2$ 晶格(蓝色)的有限大声子晶体板,如图 5.39(a)顶部所示。在晶格的中心放置一个赝自旋向上的点源(该赝自旋向上的点源可以由具有适当相位梯度的点源构成的亚波长圆形阵列实现),点源的频率为靠近边界态狄拉克点的 3900 Hz 和 4150 Hz。点源激发的声波在声子晶体内的传播如图 5.39(a)的中部和底部所示。可以看到点源激发的声波局限在两种声子晶体的边界附近并在声子晶体内部迅速衰减,这表明声子晶体内部是绝缘的。更重要的是,这种结构中的赝自旋向上波只能在 $+x$ 方向传播,而不能在 $-x$ 方向传播。这证实了边界态的赝自旋相关单向传输。此外,通过将声源移动到横向相邻的腔中,赝自旋向上的点源激发的声波的传播方向将转向 $-x$ 方向,这可以通过交界面的滑移对称性 $G_x := (x,y) \rightarrow (x + a/2, -y)$ 来解释。这种自旋相关的声边界态具有鲁棒性,为检验这种鲁棒性,将一些空腔的直径更改为 $0.33a$ 从而引入缺陷,这些缺陷可视为制造误差,在图 5.39(b)中用黑点标记。图 5.40(b)中给出的声波传播路径表明,尽管晶体的内部和边界存在缺陷掺杂,声波仍然可以保持仅有极少背向散射的单向传输。

127

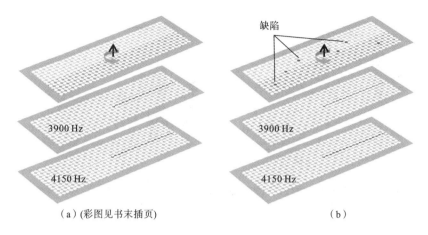

（a）(彩图见书末插页)　　　　　　　　　　　　　　（b）

图 5.39　(a) 拓扑保护的单向声传输,赝自旋向上的点源位于结构的中心,中部和底
　　　　　部的平面分别给出了 3900 Hz 和 4150 Hz 的声强分布;(b)与(a)相同,但波
　　　　　导中存在一些缺陷(黑点)

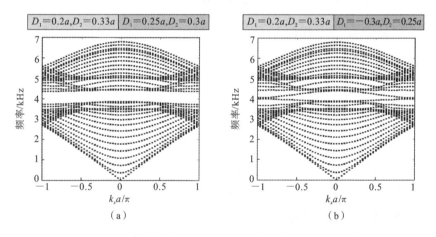

（a）　　　　　　　　　　　　　　　　（b）

图 5.40　(a)平凡复合超单元和(b)奇异复合超单元能带图

　　不同于声子晶体中的线缺陷态,这种两晶体之间的边界态与晶体拓扑性质
有关,仅在拓扑相位不同的两晶体之间才能观察到拓扑边界态。为将拓扑边界
态与缺陷态相区分,构造了由 4 个 $D_1=0.33a, D_2=0.2a$ 的单胞和 4 个 $D_1=$
$0.25a, D_2=0.3a$ 的单胞组成的平凡复合超单元和由 4 个 $D_1=0.33a, D_2=$
$0.2a$ 的单胞和 4 个 $D_1=0.3a, D_2=0.25a$ 的单胞组成的奇异复合超单元。平
凡复合超单元中两种晶体几何不同,但拓扑性质相同,奇异复合超单元中两种

晶体几何不同,拓扑性质也不同。图5.40给出了两种超单元的能带图,可以看到带隙中的边界态存在于奇异复合超单元中,而在简单复合超单元中不存在界面态。这说明该边界态有别于缺陷态,其产生与晶体拓扑性质有关。

5.3.2　定向发射

1. 二维拓扑绝缘体

拓扑边界态的声波被束缚在界面附近,并在拓扑绝缘体内逐渐衰减,可以想象,如果声学拓扑绝缘体器件足够薄,原本被限制在界面附近的声波将能够逃逸界面并引起辐射。为了证实这一猜想,构造了具有 $30 \times (3+n)$ 个单元的不同声子晶体板,其中"3"是位于上方的 $D_1 < D_2$ 单元的层数,"n"是位于下方的 $D_1 > D_2$ 单元的层数。然后在两种声子晶体的交界面中点放置一个在圆周上具有均匀分布的归一化速度的小尺寸圆形声源,圆形声源的半径为 $r_s = a/40$,远小于工作频率的波长,因此该源可视为单极点源。首先考虑频率为 4638 Hz 的点源激发的辐射,该频率位于 $k_x = 0$ 的边界态能带的顶点附近。

$n = 3$、2 和 1 的声子晶体板在该点源激励下的归一化声压分布如图5.41所示。对于 $n = 3$ 的板,大多数声波被束缚在界面附近,很少有波从板中逸出。但对于 $n = 2$ 和 $n = 1$ 的板,位于下方的声子晶体板变薄,因此在板的下侧存在明显的声波逃逸。逃逸声波引起向下的声波辐射,并且辐射声波压力的幅度随着 n 的减小而增大。

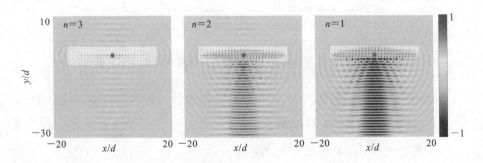

图 5.41　$n = 3$、2 和 1 的声子晶体板在 4638 Hz 点源激励下的声压分布

图5.42给出了这三种结构的声强分布,图示结果证实了能量集中在板的界面附近,并且辐射能量随着 n 的减小而增加。三种结构的远场辐射声强随角

度的变化也被绘制在图 5.43 中,其中所有声强都以点源在自由空间的远场辐射声强归一化。从图中可以看到有 $n=2$ 和 $n=1$ 的结构的远场辐射声强分别是无结构时远场辐射声强的 1200 倍和 3950 倍。这种辐射能量的增加源于声源和平板边界态之间的耦合,此外,由于对应于 4638 Hz 的边界态的波矢为 $k_x=0$,因此发射方向垂直于平板,该频率下远场辐射的半能量角宽度为 5°,具有很好的指向性。

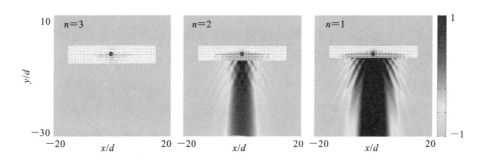

图 5.42 $n=3$、2 和 1 的声子晶体板在 4638 Hz 点源激励下的声强分布

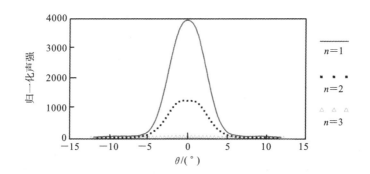

图 5.43 $n=3$、2 和 1 的声子晶体板远场辐射声强随角度的变化

事实上 $n=1$ 的结构中,下方的声子晶体可视为一种表面结构,称之为拓扑表面。这种拓扑表面可用于声波的定向多角度发射。对于边界态引发的声波辐射,其发射角 θ 可由 k_x 通过下式确定:

$$k_0 \sin\theta = k_x \tag{5.39}$$

其中:k_0 是空气中的波数。如图 5.11(b)所示,边界态 k_x 的波矢在第一布里渊区从 $-\pi/a$ 变化到 π/a,这表明声波的辐射方向可以任意改变。进一步设计了

一个具有 $20 \times (3+1)$ 个超单元的拓扑表面来验证多角度发射。在该设计中,点源位于两晶体边界的左端,如图 5.44 所示,标记为黑色星形。值得注意的是,边界态声波必须具有正的群速度才能在 $+x$ 方向上传播,在这种情况下,边界态的第一(第二)能带处的波矢 k_x 应具有正(负)符号。采用数值仿真对该拓扑表面的声波定向发射效果进行验证,在仿真中选择了 3880 Hz 和 4200 Hz 两个频率,根据式(5.39)可以预测在这两个频率下声波的发射角应为 $\theta = 45°$ 和 $-45°$。

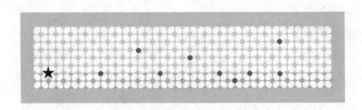

图 5.44　具有 $20 \times (3+1)$ 个超单元的拓扑表面,星号标记声源位置,圆点标记缺陷位置

由仿真结果得到的近场声强分布绘制在图 5.45 中。从拓扑表面的声强分布可以看出点源与边界态产生了强耦合,强耦合导致点源的辐射声波增强。点源从平板辐射的声强度是没有平板时声强度的 100 倍。实际发射方向为 $\theta_e = 43°$ 和 $-41°$,非常接近式(5.39)预测的方向。

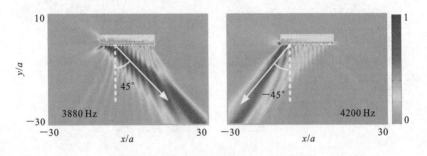

图 5.45　3880 Hz 和 4200 Hz 点源激励下拓扑表面的近场声强

此外,两种晶体之间的拓扑界面类似一个声波波导。对于普通波导来说,由于波导在右端面的突变将产生动量相反的反射波,这种反射波在波导内传播时将产生与所需发射方向相反的辐射,影响该装置的性能。然而,这种拓扑表面的声波发射方向是唯一的,这表明其中没有反射波(沿 $-x$ 方向传播)。这种

现象是因为拓扑表面中的边界态传播与声波的赝自旋相关,点源发出的声波向右传播时具有特定的赝自旋方向,右端面产生的散射波在不改变赝自旋的情况下无法向左传输。

如前文中所讨论的,基于拓扑边界态的拓扑表面应该对缺陷具有鲁棒性。为了检验该拓扑表面的鲁棒性,通过将一些空腔的直径更改为 $0.33a$ 来引入一些晶格缺陷(图 5.44 中用圆点标记)。图 5.46 所示的计算结果表明,缺陷的引入对声波的辐射声强影响不大,证实了带有缺陷的拓扑表面的有效性。图 5.47 中绘制的远场辐射声压指向性图表明,与完美表面相比,尽管引入缺陷的拓扑表面的辐射图的幅度有小幅度降低(在 3880 Hz 时降低约 20%,在 4200 Hz 时降低约 10%),但引入缺陷前后发射角几乎没有变化。这验证了拓扑表面实现声波定向发射的鲁棒性。如果改变腔和通道的尺寸(在三维结构中容易实现),带隙和拓扑边界态的位置将相应地改变,因此此处提出的设计可以实现特定范围内的频率和角度的调节。

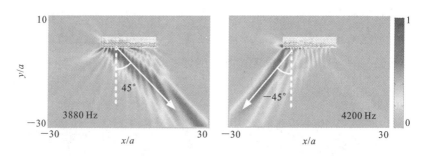

图 5.46　3880 Hz 和 4200 Hz 点源激励下带缺陷的拓扑表面的近场声强

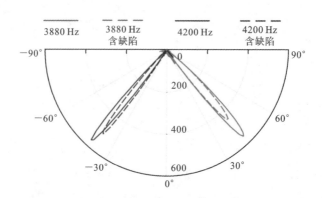

图 5.47　3880 Hz 和 4200 Hz 点源激励下不带/带缺陷的拓扑表面的远场声强指向性图

2．一维拓扑绝缘体

与 DSSH 链相似,声学类 DSSH 波导的简并点可以通过改变第二和第三能带的相对位置而调整到布里渊区的任意位置。对于本章提出的波导,其能带图中的简并点位于空气色散曲线的上方(图 5.26 中的虚线),故其动量可与空气中的传播模态相耦合,因此复合波导 p/b 中的两个拓扑界面态是辐射模态。为了实现波导与背景场的耦合,在波导的上壁开设了宽度为 w、间隔为 $a/2$ 的周期分布狭缝,即封闭波导变为漏波波导。通过在 COMSOL Multiphysics 建立波导和背景场的有限元模型,再利用其声学模块的特征频率求解器计算了 $w=0.02a$ 的 p/b 漏波波导中两种界面态的辐射模态。

图 5.48 中所示的辐射模态结果表明,尽管波导中的界面态沿 x 方向,但大多数波通过带有狭缝的上壁漏出,并且辐射波沿两侧方向显示出良好的方向性。辐射角 θ 与简并点的位置相关,$k_D=k_0\sin\theta$,其中 k_0 是空气中的波数,k_D 是简并点在动量空间的位置。此外,这两种辐射模式还分别表现出准对称性和准反对称性,形成类单极子(C')和类偶极子(B')模式。值得注意的是,该装置不同于基于动量调制[162, 163]或二维结构中的体共振模态[164, 165]的超表面/栅结构。

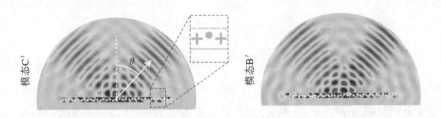

图 5.48　$w=0.02a$ 的 p/b 漏波波导中两种界面态的辐射模态

进一步用数值方法研究了位于 p/b 漏波波导 S 点(见图 5.29(b))的点源的辐射。该点源是圆周上均匀分布着归一化振速的圆。点源的半径为 $r_s=a/50$,远小于工作频率的波长。点源激励下的 $w=0.01a$、$w=0.015a$ 和 $w=0.02a$ 的 p/b 漏波波导的远场辐射声强分布如图 5.49(a)所示,其中,声强以同一声源在自由空间中辐射的远场声强为基础做了归一化处理。从图中可以看到远场声强集中分布在 $\pm45°$ 左右,半能量角宽度约为 $10°$,显示出良好的方向性。对于 $w=0.01a$、$w=0.015a$ 和 $w=0.02a$ 的所有波导,远场声强在 3100 Hz 左右显

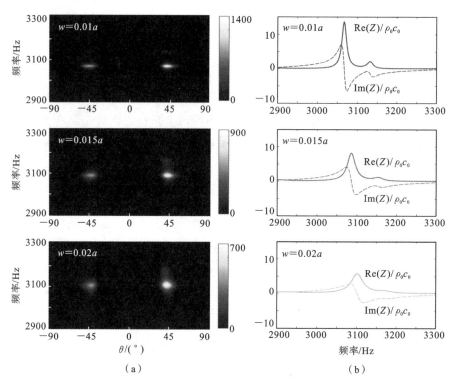

图 5.49　点源在 $w=0.01a$、$w=0.015a$ 和 $w=0.02a$ 的 p/b 漏波波导中的(a)远场辐射声强和(b)辐射阻抗

著增强,分别增强了 1400 倍、900 倍和 700 倍。远场声强的增加不仅是由于方向性的改善,还与结构对声源辐射性能的影响有关。这可以用声辐射阻抗 Z 来解释,声辐射阻抗是声源表面上的声压与声源振速之比。辐射阻抗 Z 的实部 $Re(Z)$ 表征声源的辐射性能,$Re(Z)/|Z|$ 表征声源的辐射效率。在 $w=0.01a$、$w=0.015a$ 和 $w=0.02a$ 的三个波导中,声源的声辐射阻抗如图 5.49(b)所示。与点源在自由空间的辐射阻抗相比(3100 Hz 时 $Z/\rho_0 c_0=0.10+0.19i$),$w=0.01a$、$w=0.015a$ 和 $w=0.02a$ 的波导中的点源分别表现出 13.6$\rho_0 c_0$(3066 Hz)、8.1$\rho_0 c_0$(3086 Hz)和 5.7$\rho_0 c_0$(3102 Hz)的高辐射阻。此外可以看到在高辐射阻对应的频率每个波导的 Z 的虚部变为零,因此波导中的点源可以同时获得高达 100% 的辐射效率。点源激励下的 $w=0.02a$ 的 p/d 和 p/p 漏波波导的近场声强分布如图 5.50 所示,图中结果表明 p/b 波导中的能量很好地限制在界面附近,并在泄漏出波导后沿两个方向辐射,但在 p/p 波导中未观察到界面

态，辐射能量也很弱。值得注意的是，两个拓扑界面态的辐射性能并不相同。从图 5.48(a)(b)可以看出，准对称模式 C' 具有更高的辐射阻和辐射效率。

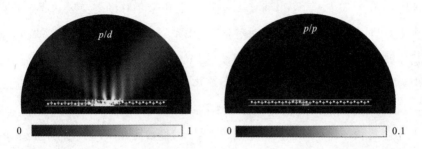

图 5.50 点源激励下的 $w=0.02a$ 的 p/b 和 p/p 漏波波导的近场声强分布

进一步进行实验以验证基于 p/b 波导界面态的定向发射，如图 5.34 所示，3D 打印的实验样品由 8 个 $\delta t=0.1b$ 的单胞和 8 个 $\delta t=-0.1a$ 的单胞组成，其中二维结构中的狭缝由三维结构中高度为 $h_s=4$ mm、宽度为 $w_s=3$ mm 的方孔代替。波导壁的厚度设置为 2 mm。实验装置如图 5.51 所示，为了模拟二维环境，搭建了尺寸为 1000 mm×1200 mm×30 mm 的实验平台。平台下侧为 10 mm 厚的铝板，上侧为 8 mm 厚的有机玻璃板，这样上下侧面对空气声而言都可视为刚性边界，该平台内声波的一阶传播模式截止频率为 5700 Hz，因此该平台在工作频段可视为二维波导。在二维波导的四个侧面上安装了锥形吸声泡沫，以最小化波导在开放边界处的反射。实验样品固定在二维波导内的一侧。使用扬声器(Knowles 公司的动铁单元，Model ID CI-22955-000，9.5 mm×7.2 mm×4.1 mm)作为点 S 处的单极点源。

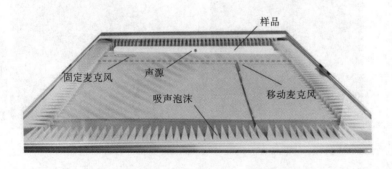

图 5.51 p/b 波导的定向发射实验布置

实验中以 MATLAB 生成的从 2800 Hz 到 3400 Hz 的连续单频脉冲信号激励声源,脉冲信号的频率步长为 5 Hz,每个脉冲之间的间隔为 0.1 s,每个脉冲的时长为 0.05 s。为了得到复数声压,实验中采用移动麦克风和固定麦克风两个麦克风同时测量声压。移动麦克风(BSWA,MPA416,1/4 in)以 2 cm 为步长扫描波导前侧 0.2 m 处的线性声场(图 5.52 中的红色虚线),线性声场的总长度为 0.94 m。空气声实验易受环境噪声影响,为了减小环境噪声对实验的干扰,实验中每个测点的声压需要重复测量多次取平均值。将时域信号在 MATLAB 中进行快速傅里叶变换得到频域信号,用移动麦克风声压与固定麦克风声压的比值得到线性声场上的复声压分布,进一步对线性声场进行傅里叶变换得到线性声场上的声压在倒空间中的分布。实验中所测得的线性声场的幅值随频率的变化如图 5.53(a)所示。

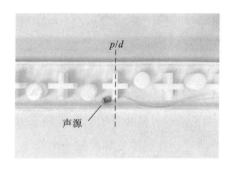

图 5.52　p/b 波导定向发射实验中的波导及声源(彩图见书末插页)

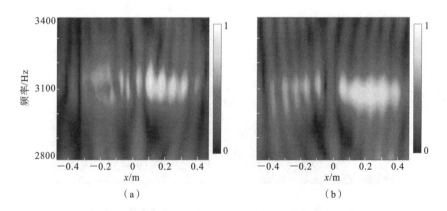

图 5.53　(a)实验和(b)仿真中线性声场的幅值随频率的变化

图 5.53(b)给出了线性声场的数值模拟结果,与实验结果基本一致。由于这种基于共振的装置对热损失和黏性损失较为敏感。因此,为了在数值计算中模拟热黏性损耗对材料性能的影响,在内部流体(空气)的波数中添加了损耗项:$k_0 = 2\pi f/c_0 - \mathrm{i}\alpha$,其中 α 为衰减系数。衰减系数可以设置为 $2\pi f \times \text{loss}$,其中 loss 与频率无关。本节的数值计算结果均为基于 loss $=0.018$ 的结果。此外,为了模拟实验中使用的声源,数值仿真中的点源设置为:在 2800 Hz 到 3400 Hz 之间,频率每增加 100 Hz,振动速度振幅降低 0.5 dB。

通过对线性声压场进行傅里叶变换,可进一步计算得出不同辐射方向上的能量分布,其归一化能量分布如图 5.54(a)上图所示。对点源在同一位置在自由空间中(无漏波波导情况下)的辐射声场也进行了测量,其归一化能量分布如图 5.54(a)下图所示。与自由空间点源辐射相比,具有漏波波导的点源的辐射能量显示出明显的增强。在 3100 Hz 附近能量在动量空间中的分布更加集中,这说明辐射声波有很好的指向性。对应的数值仿真结果如图 5.54(b)所示,与实验结果相符合。图 5.55 给出了 3100 Hz 时有漏波波导和无漏波波导时点源辐射的能量分布,该结果表明在 3100 Hz 左右的频率下可以实现到能量增益达 12 倍的声波定向发射。

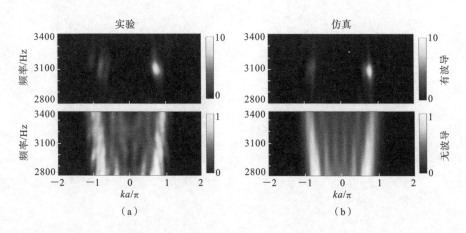

图 5.54　(a)实验和(b)仿真中点源在波导中和自由场中的辐射能量分布,所有能量按自由场辐射的能量归一化处理

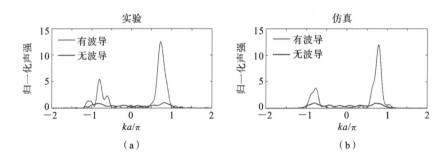

图 5.55　(a)实验和(b)仿真中点源在波导中和自由场中的辐射能量分布

第6章
水下声学超材料

引言

水声是重要的水下信息传播媒介,利用水下声学超材料实现对水下声波的操控在水声通信、医学成像等领域有着巨大的应用前景。大部分固体材料的声阻抗与水相近,导致水下声学超材料的设计较空气声学超材料复杂,这在一定程度上限制了水下声学超材料的发展。本章针对声学超材料、声学超表面和声学拓扑绝缘体提出了二维和三维水下声学超材料、水下声学超表面和水下声学拓扑绝缘体的属性及应用,利用3D打印技术得到了部分水下超材料样品,并对基于这些水下材料的声波汇聚、声波偏转、鲁棒水声传输和声波定向发射等应用进行了研究。

6.1 二维水下声学超材料及其应用

6.1.1 五模超材料的结构设计及材料属性

图 6.1 所示为所设计的五模超材料单胞的结构示意图,该材料为正六边形晶格,内部被挖开了六条长条状的空腔,空腔外边缘为圆弧形。几何参数方面,晶胞最大长度 $a = 2$ mm,空腔的宽度 $d = 0.201$ mm,空腔圆弧边缘水平切线距离 $s = 0.123$ mm,相邻空腔的角度 $\alpha = 60°$。材料属性方面,材料初步选择为环氧树脂,其密度 $\rho = 1150$ kg/m³,杨氏模量 $E = 3.8$ GPa,其泊松比 $\nu = 0.4$。空腔内部为空气,密度为 1.225 kg/m³,结构外部的背景介质为水,密度为 998 kg·m⁻³。

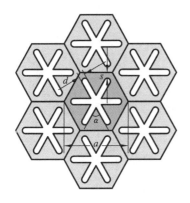

图 6.1　五模超材料单胞的结构示意图

为了研究五模超材料的物理特性,对该五模材料结构的能带进行分析,采用有限元法计算能带结构。

图 6.2 所示为五模超材料的能带结构图,从 Γ 点出现的两条能带分支分别代表着剪切波的色散关系以及压缩波的色散关系。在图 6.2 中可以很明显地看出在一个较大的频率范围内,在结构中只存在着压缩波(纵波),这一特点使其具有类似液态的特性。由最低的两个能带在 Γ 点附近的斜率可以计算出在低频情况下该五模材料结构中的压缩波的相速度为 $c_B = 860$ m/s,剪切波的相速度 $c_G = 258$ m/s。

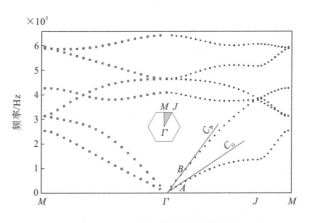

图 6.2　五模超材料的能带图

在剪切波模态和压缩波模态对应的能带曲线上分别取两点 A 和 B,其对应的位移场云图如图 6.3 所示。可以明显看出在 A 点处的结构位移垂直于波矢方向(ΓJ),而在 B 点处的结构位移沿着波矢方向(ΓJ)。在准静态情况下,五模超材料晶胞的等效密度等于其单胞质量的体积平均,可以计算出该五模超材料的等效密度为 $\rho_{eff} = 757$ kg/m³。在准静态连续介质力学中,压缩波的相速度 c_B 和剪切波的相速度 c_G 可以通过下式计算出来:

$$c_{\mathrm{B}}=\sqrt{\frac{B+4G/3}{\rho_{\mathrm{eff}}}} \tag{6.1a}$$

$$c_{\mathrm{G}}=\sqrt{\frac{G}{\rho_{\mathrm{eff}}}} \tag{6.1b}$$

其中:B 为五模材料的等效体积模量;G 为五模材料的等效剪切模量。由于压缩波的相速度 c_{B} 和剪切波的相速度 c_{G} 已经通过前述各自能带曲线的斜率求出,因此可以通过该式反解得到五模材料的等效体积模量 $B=493$ MPa,等效剪切模量 $G=50$ MPa。

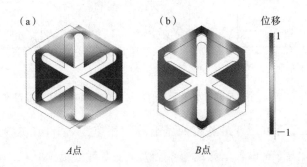

图 6.3　(a) 横波模态(A 点)及(b)纵波模态(B 点)的位移场云图

对于五模材料来说,其品质因数(B/G)是衡量五模材料力学特性的重要因素,对于该五模材料,其品质因数为 9.86,其剪切模量稍微偏大,在较低频率下五模结构中可能会有剪切波存在。当水中声波入射于固液界面时,只有很少一部分能量转化为剪切波。因为水中只能传递压缩波(纵波),所以透镜内部的剪切波会在界面处反射且耗散,并最终转化成内能。这一过程独立于透镜将点声源放出的柱形波准直为平面波的过程,二者互不干扰。因此可以对少部分的剪切波忽略。与此同时该五模材料结构相较于一般五模材料结构增大固液交界的区域,而其所使用的材料也与水阻抗相近,这些要素进一步减少声波在固液界面的反射现象。

为了探究五模材料几何参数的改变对结构物理特性的影响,研究中分别改变了如图 6.1 所示的五模材料内部空腔的宽度 d 和空腔圆弧边缘水平切线距离 s,探究其对材料等效参数的影响。

首先研究五模材料内部空腔的宽度 d 变化对材料的影响,保证其他参数不变,增大 d,除前述宽度 0.201 mm 外,新增 0.25 mm 和 0.3 mm,分别命名为单元 D20、D25 和 D30。在 COMSOL Multiphysics 材料中修改好材料属性,分别对单元 D20、D25 和 D30 的 ΓJ 波矢方向的能带图进行计算,结果如图 6.4 所示。

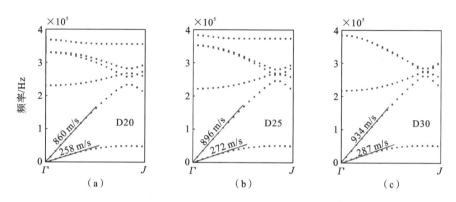

图 6.4　不同 d 时五模材料单元(a)D20、(b)D25 和(c)D30 能带结构图

根据能带图可以计算出各自的压缩波的相速度 c_B 和剪切波的相速度 c_G,根据各自体积能计算出各单元的等效密度,最终可以根据式(6.1)计算出各自的等效体积模量和等效剪切模量,计算结果汇总于表 6.1 中。

表 6.1　不同空腔宽度的五模材料单元各等效参数

d/mm	$c_B/(\text{m/s})$	$c_G/(\text{m/s})$	$\rho_{\text{eff}}/(\text{kg/m}^3)$	B/MPa	G/MPa	品质因数
0.201	860	258	758	493	50	9.86
0.250	896	272	682	480	50	9.52
0.300	934	287	614	468	50	9.25

从表 6.1 可以看出,当五模材料内部空腔的宽度 d 增大时,压缩波的相速度 c_B 和剪切波的相速度 c_G 均增大,等效密度 ρ_{eff} 缩小,等效体积模量 B 也缩小,而其剪切模量 G 相比其他物理量变化增加非常小,其品质因数 B/G 也随之减小。

接下来研究空腔圆弧边缘水平切线距离 s 变化对材料等效参数的影响。保证其他参数不变,增大 s,除原有宽度 0.123 mm 外,新增 0.15 mm 和 0.18 mm,分别命名为单元 S12、S15 和 S18,在 COMSOL Multiphysics 材料中修改好材料属性,分别对单元 S15、S18 的 ΓJ 波矢方向的能带图进行计算,结果如图

6.5 所示。

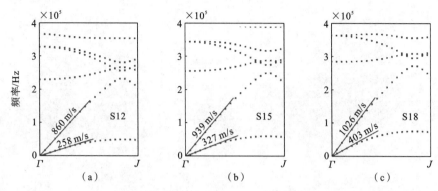

图 6.5 不同空腔圆弧边缘水平切线距离的五模材料单元

(a)S12、(b)S15 和(c)S18 的能带结构图

按照上述公式计算出各等效参数,计算结果汇总于表 6.2 中。

表 6.2 不同空腔圆弧边缘水平切线距离五模材料单元各等效参数

S/mm	c_B/(m/s)	c_G/(m/s)	ρ_{eff}/(kg/m³)	B/MPa	G/MPa	品质因数
0.123	860	258	758	493	50	9.86
0.150	939	327	775	573	83	6.91
0.180	1026	403	793	663	129	5.14

从表 6.2 可以看出,当空腔圆弧边缘水平切线距离 s 增大时,压缩波的相速度 c_B 和剪切波的相速度 c_G 均增大,等效密度 ρ_{eff} 也增大,等效体积模量 B 和剪切模量 G 也增大,其品质因数 B/G 随之减小。综上所述,改变五模材料内部空腔的宽度 d 和空腔圆弧边缘水平切线距离 s 对材料参数的影响有差异。

6.1.2 异形龙伯透镜的器件设计

图 6.6 所示为基于龙伯透镜设计的水下声学定向发射器件的示意图,粉红色的内部区域为龙伯透镜区域,在该区域内的折射率分布为

$$n(r)=[2-(r/R)^2]^{1/2}$$

式中:r 是龙伯透镜中任意一点距离透镜圆心的距离;R 是龙伯透镜的半径。利用这样的折射率梯度,可以实现水下定向发射的功能。

图 6.6 中给出了两种情形,一种情形是点声源沿 y 轴方向置于龙伯透镜正

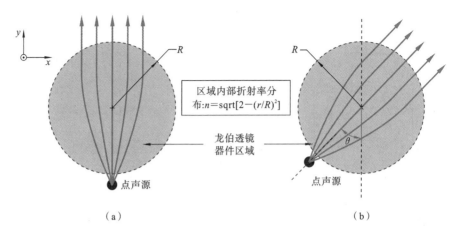

图 6.6　龙伯透镜实现定向发射示意图:(a)单向发射;(b)多角度发射(彩图见书末插页)

下方,点声源发出的柱状声波在透镜内部被准直并转化为了 y 轴方向发射的平面波。在另一种情形下,点声源放置在其他位置,点声源和圆心的连线同 y 轴成一角度 θ。在这一情况下点声源发出的声波在透镜中转化为朝点声源和圆心的连线方向发射的平面波。由于龙伯透镜的各向同性特性,这一多角度发射功能得以实现。

对于二维圆形龙伯透镜而言,声源的多点布置需要沿着弧线移动,考虑到发射声源布置的方便性以及准确性,有必要对龙伯透镜的形状进行进一步改进。此处采用变换声学进行器件设计。

变换声学基于坐标变换的方式(对区域压缩、拉伸或扭转)建立起变换前后的声场各等效参数同坐标变换的关系。2006 年 Pendry[150] 从理论上提出通过空间坐标变换设定电磁波的介质参数,调控其传播路径。随着变换光学的发展,研究者将目光转移至声学领域,发现在流体声学领域坐标变换方法是适用的[151]。

图 6.7 所示为坐标变换的示意图,利用变换声学的理论可以将声波方程从左边的坐标系变换至右边的坐标系中。图中带上标的符号表示虚拟空间(未变换前的空间)中的符号,未带上标的符号表示物理空间(变换后的空间)中的符号。可以假设两坐标系满足一定的变换关系,即:

$$(x,y,z)=F(x',y',z')$$

一般来说,对于非黏性流体,声波方程在线性声学的时谐形式下可以表

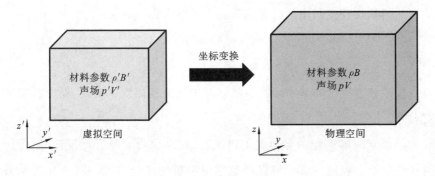

图 6.7 坐标变换示意图

示为

$$\nabla'p' = \mathrm{i}\omega\rho'\vec{v}'$$ (6.2a)

$$\mathrm{i}\omega p' = B'\nabla' \cdot \vec{v}'$$ (6.2b)

式中：p' 为虚拟空间中的声压；$\vec{v}'$ 为虚拟空间中的声速；B' 为虚拟空间中的体积弹性模量；ρ' 为虚拟空间中的质量密度；∇' 为虚拟空间中的梯度算子；ω 为圆频率。虚拟空间和物理空间两个坐标系之间的关系可以用雅可比矩阵来表示为

$$\boldsymbol{A} = \begin{bmatrix} \dfrac{\partial x}{\partial x'} & \dfrac{\partial x}{\partial y'} & \dfrac{\partial x}{\partial z'} \\[2mm] \dfrac{\partial y}{\partial x'} & \dfrac{\partial y}{\partial y'} & \dfrac{\partial y}{\partial z'} \\[2mm] \dfrac{\partial z}{\partial x'} & \dfrac{\partial z}{\partial y'} & \dfrac{\partial z}{\partial z'} \end{bmatrix}$$ (6.3)

有了矩阵 $\boldsymbol{A}$ 之后，式(6.2)中的 $\nabla'p'$ 和 $\nabla' \cdot \vec{v}'$ 在物理空间可表示为

$$\nabla'p' = \boldsymbol{A}^{\mathrm{T}}\nabla p' = \boldsymbol{A}^{\mathrm{T}}\nabla p$$

$$\nabla' \cdot \vec{v}' = \det(\boldsymbol{A})\nabla \cdot \frac{\boldsymbol{A}}{\det(\boldsymbol{A})}\vec{v}' = \det(\boldsymbol{A})\nabla\vec{v}$$ (6.4)

式中变换之后的声速可以表示为

$$\vec{v} = \frac{\boldsymbol{A}}{\det(\boldsymbol{A})}\vec{v}'$$ (6.5)

将这些变换后的物理量代入式(6.2)中，可以得到声波方程组在物理空间的形式：

$$\nabla p = \mathrm{i}\omega[\det(A)(A^{\mathrm{T}})^{-1}\rho(A^{-1})]\vec{v}$$

$$\mathrm{i}\omega p = [B\det(A)]\nabla \cdot \vec{v}$$ (6.6)

由此可以得到物理空间中的材料参数的表达形式：

$$\rho = \det(A)(A^{\mathrm{T}})^{-1}\rho'(A^{-1})$$
$$B = B'\det(A)$$

(6.7)

可以发现声波方程组的基本结构不随空间坐标变换而发生变化，而材料参数会随之改变。

为了得到底部平坦的异形龙伯透镜，采用准保角变换进行设计，通过该方法对拉普拉斯方程进行求解可以得到材料参数的变换方程。图 6.8 所示为异形龙伯透镜实现定向发射的示意图。在图中，最初的圆形龙伯透镜通过变换转化成了异形龙伯透镜。在准保角变换中，变换前的空间被称为虚拟空间，变换后的空间被称为物理空间。物理空间中异形龙伯透镜的分布可通过求解带有迪利克雷-纽曼边界条件的拉普拉斯方程计算得到，迪利克雷-纽曼边界条件表示为

$$\begin{cases} x'\mid_{AB} = x'\mid_{A'B'} \\ x'\mid_{EF} = x'\mid_{E'F'} \\ \vec{n} \cdot \nabla x'\mid_{BC,CD,DE,AF} = 0 \\ y'\mid_{AF} = y'\mid_{A'F'} \\ y'\mid_{BC,CD,DE} = y'\mid_{B'C',C'D',D'E'} \\ \vec{n} \cdot \nabla y'\mid_{AB,EF} = 0 \end{cases}$$

(6.8)

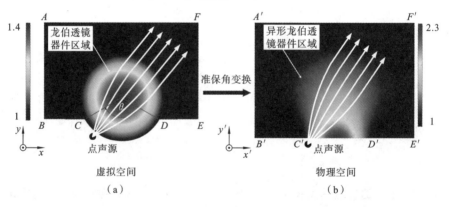

图 6.8 异形龙伯透镜实现定向发射示意图：(a) 虚拟空间中的龙伯透镜器件区域折射率分布；(b) 物理空间中的异形龙伯透镜器件区域折射率分布

其中：(x, y) 为虚拟空间中的坐标；(x', y') 为物理空间中的坐标；$\vec{n}$ 代表着朝向边界外部的法向矢量；∇ 为梯度算子。

此时，基于下述公式可以根据圆形龙伯透镜的等效折射率 n 得到异形龙伯透镜的等效折射率 n'：

$$n'^2 = \frac{n^2}{\det(\boldsymbol{J})n_0^2} \tag{6.9}$$

其中：n_0 为背景场（水域）中的折射率；$\boldsymbol{J}$ 为雅各比矩阵，表示为

$$\boldsymbol{J} = \begin{bmatrix} \dfrac{\partial x'}{\partial x} & \dfrac{\partial x'}{\partial y} \\[3mm] \dfrac{\partial y'}{\partial x} & \dfrac{\partial y'}{\partial y} \end{bmatrix} \tag{6.10}$$

由于在整个空间内应用准保角坐标变换，因此可以得到下列近似：$\partial x'/\partial y \approx 0$ 以及 $\partial y'/\partial x \approx 0$。基于式（6.9）和式（6.10）可以得到异形龙伯透镜及周围区域的等效折射率，如图 6.8(a) 所示的设计图中，选择将 $R = 20$ mm，开角 $\theta = 120°$ 的圆形龙伯透镜区域压缩成异形龙伯透镜，可以实现左右各 $60°$ 的定向发射。准保角变化的过程通过软件 COMSOL Multiphysics 完成，得到如图 6.8(b) 所示的折射率分布。

6.1.3　五模超材料异形龙伯透镜构造

上一小节中对所采用的五模材料单元的物理特性进行了研究分析，并探究了材料单元内部结构几何尺寸的改变对于材料等效参数的影响。本小节中，尝试将图 6.8 中所得的异形龙伯透镜均匀等效折射率按照五模材料单元的尺寸进行离散化，得到离散后的各单元的等效折射率分布。然后利用 COMSOL with MATLAB 进行优化，得到匹配各等效折射率的五模材料单元。

图 6.9 所示为离散化之后的异形龙伯透镜等效折射率分布图，离散龙伯透镜为左右对称结构，单元总计 22 层 387 个。图中折射率范围为 1.1～2.3，各折射率对应的理想单元数目如表 6.3 所示。

改变五模材料内部几何尺寸可以改变材料的等效参数，对于能带结构图上只有压缩波（纵波）存在的频率范围内，其等效折射率 n 可以通过压缩波相速度 c_B 求得，为 c_w/c_B。其中 c_w 为水中声速，为 1483 m/s。因此，可以利用基于

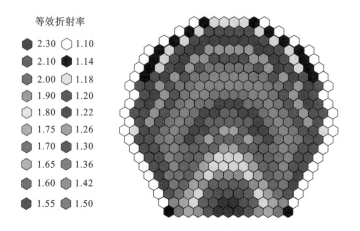

等效折射率

- ● 2.30　○ 1.10
- ● 2.10　● 1.14
- ● 2.00　◐ 1.18
- ● 1.90　● 1.20
- ○ 1.80　● 1.22
- ● 1.75　● 1.26
- ● 1.70　● 1.30
- ◐ 1.65　● 1.36
- ● 1.60　● 1.42
- ● 1.55　◐ 1.50

图 6.9　离散化异形龙伯透镜的等效折射率分布图

表 6.3　等效折射率对应五模材料单元数目

等效折射率	单元数目	等效折射率	单元数目
2.30	5	1.50	26
2.10	7	1.42	33
2.00	8	1.36	33
1.90	7	1.30	28
1.80	13	1.26	23
1.75	14	1.22	28
1.70	11	1.20	35
1.65	8	1.18	16
1.60	19	1.14	16
1.55	15	1.10	42

MATLAB 与 COMSOL Mutiphysics 的联合仿真,利用 MATLAB 中的遗传算法工具箱,生成变量代入 COMSOL Mutiphysics 中得到压缩波对应的能带曲线数据,求得压缩波的相速度后得到等效折射率,再回到 MATLAB 遗传算法代码中,不断重复上述循环直到等效折射率满足设定值要求。在 MATLAB 遗传工具箱中,PopulationSize 和 Generation 均设为 20,并设置好目标折射率的初始值和上下界。myFun 是子函数,model.m 子函数是在 COMSOL Mutiphysics

中对模型单元能带结构进行仿真求解后另存的 M 文件，model. m 会自动调用 COMSOL Mutiphysics 读取 parameters. txt 中参数进行二维建模求解，并把结果返回到 results 中。遗传算法会根据 myFun 返回的 abs($n-n_n$) 的值自动调整变量的值，直到达到最小值。通过这种方式就可以得到匹配该折射率的单元尺寸，其中 n 为遗传算法计算过程中的实际折射率，n_n 为所需折射率。myFun 函数如下所示。

```
function f=myFun(x)
format long;
aa=[0];
aa(1)=x(1);% 优化过程中 s 的值
fid=fopen('C:\Users\Accumulate\.comsol\v56\llmatlab\pentamode-n\parame-
ters.txt','wt');
fprintf(fid,'%12.6f\n',aa);
fclose(fid);
results=model;%调用子函数 model.m
p1=mphglobal(results,'withsol(''sol1'',freq,setind(lambda,2))');
p2=636.42;
p3=real(p1(1));
p4=p2;
c0=1483;
p5=c0*p4/(2*pi*p3)
f=abs(p5-2.3);
end
```

通过上述方法可以得到图 6.9 中各等效折射率对应的五模材料内部结构参数。本节中只改变空腔圆弧边缘水平切线距离 s 来匹配各等效折射率。

表 6.4 所示为匹配各等效折射率的五模材料内部几何尺寸空腔圆弧边缘水平切线距离 s 的值。s 的取值范围为 $0.057 \sim 0.294$ mm，其五模材料单元结构如图 6.10 所示。完成了不同折射率的五模材料单元构建之后，下面将对其构成的声学器件进行仿真计算，验证其功能。

表 6.4　等效折射率与空腔圆弧边缘水平切线距离 s 对应表

等效折射率	s/mm	等效折射率	s/mm
2.30	0.057	1.50	0.172
2.10	0.075	1.42	0.191
2.00	0.086	1.36	0.207
1.90	0.099	1.30	0.224
1.80	0.114	1.26	0.236
1.75	0.123	1.22	0.249
1.70	0.131	1.20	0.256
1.65	0.140	1.18	0.263
1.60	0.150	1.14	0.278
1.55	0.161	1.10	0.294

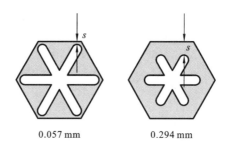

0.057 mm　　　　0.294 mm

图 6.10　两个 s 值下的五模材料单元

6.1.4　水下声学定向发射功能的仿真实现

前述内容讲解了利用五模材料完成对基于异形龙伯透镜的声学器件的材料实现,下面将进一步利用仿真计算进行验证。首先验证理想单元组成的离散化异形龙伯透镜的定向发射功能,然后对基于五模材料的声学器件进行水下定向发射功能的仿真实现。

为了验证异形龙伯透镜的折射率分布的准确性,借助有限元仿真软件 COMSOL Mutiphysics 来对理想离散化异形龙伯透镜进行建模并构建相应计算域,验证定向发射的功能。具体而言,在 COMSOL Mutiphysics 中建立如图 6.11 所示的计算仿真域,将理想离散化异形龙伯透镜放置于计算域中下方,模型正下方设置一源幅值为 1 N/m 的单极点源。模型外部为水域,水域最外部单独划分出一层并设置为完美匹配层(PML)。对于理想离散化异形龙伯透镜的各单元等效折射率设置,在材料属性中先设置好水的密度及声速,然后对密度乘以折射率并对声速除以折射率,通过这种方式设置理想单元的等效折射率。

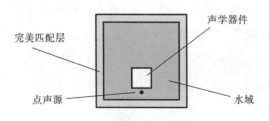

图 6.11　仿真计算域设置

设置好仿真计算域后,划分好网格,对理想器件进行计算。计算在单极点源激发下计算域在 100~150 kHz 之间的声场分布。

图 6.12 所示为在单极点源激励下的理想离散化龙伯透镜的声压云图,从图中可以发现在 100 kHz、125 kHz 以及 150 kHz 频率下,单极点源发出的圆柱

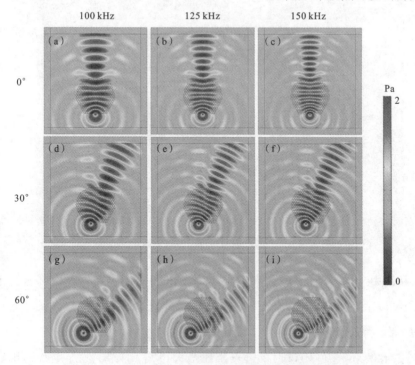

图 6.12　单极点源激励下理想离散化龙伯透镜的声压云图

形声波在理想离散化异形龙伯透镜内部被准直,最终转化为定向发射的平面波。同时,在 0°、30°和 60°三个角度均实现定向发射,这满足了设计要求,说明了离散化的异形龙伯透镜各单元的等效折射率分布是准确的。

下面将进一步实现五模材料填充器件的水下定向发射的功能。

首先将点声源放置于五模填充异形龙伯透镜正下方,源幅值设置为 1 N/m,分别计算 100 kHz、125 kHz 以及 150 kHz 频率下的仿真计算域声压场以及透镜内部的 y 方向的位移场,其结果如图 6.13 所示。

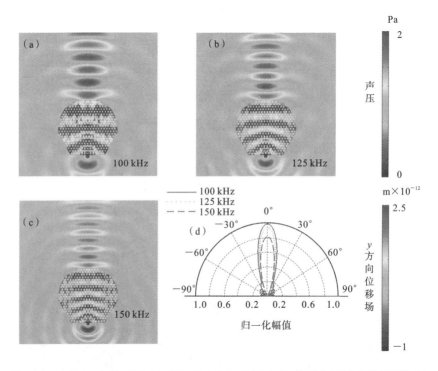

图 6.13 (a) 100 kHz、(b) 125 kHz 和 (c)150 kHz 下五模填充异形龙伯透镜的声压位移云图及(d)远场声压图(0°)

从图中可以看到,在各频率下点声源发出的柱形波在器件内部被逐渐准直,最终以平面波的形式从器件中发射出来,其射出的角度为 0°。关注各频率下的仿真计算域归一化远场声压图,可以注意到远场声压在 0°时数值最大,在 90°时数值最小。100 kHz 时的远场声压最大,125 kHz 时次之,150 kHz 时最小,分别是未放置器件时的远场声压幅值的 2.23、2.15 和 1.92 倍。三个频率

下远场声压主瓣的半幅值角宽度分别为 30.6°、26.4°、26°。可以说明，器件在 0°
方向实现了定向发射。

第二步将点声源放置于五模填充异形龙伯透镜左下方，距离透镜中轴 4.5
mm，源幅值设置为 1 N/m，分别计算 100 kHz、125 kHz 以及 150 kHz 频率下的
仿真计算域声压场以及透镜内部的 y 方向的位移场，其结果如图 6.14 所示。

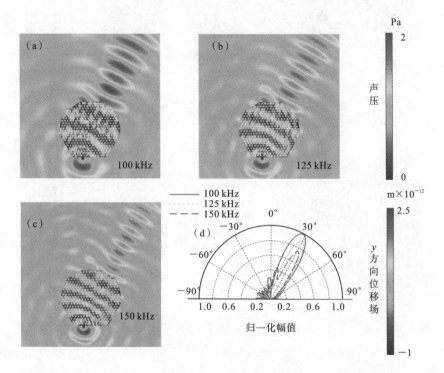

图 6.14　(a) 100 kHz、(b) 125 kHz 和(c) 150 kHz 下五模填充异形龙伯透镜的声
压位移云图及(d)远场声压图(30°)

从图 6.14 中可以观察到，在各频率下点声源发出的柱形波在器件内部被
逐渐准直，最终以平面波的形式从器件中发射出来，其射出的角度为 30°。关注
各频率下的仿真计算域归一化远场声压图，可以观察到远场声压在 30°时数值
最大，在−60°时数值最小。100 kHz 时的远场声压最大，125 kHz 时次之，150
kHz 时最小，分别是未放置器件时的远场声压幅值的 2.31、2.12 和 1.78 倍。
三个频率下远场声压主瓣的半幅值角宽度分别为 27.7°、21.4°、18.0°。可以说
明，器件在 30°方向实现了定向发射。

第三步将点声源放置于五模填充异形龙伯透镜左下方,距离透镜中轴 8 mm,源幅值设置为 1 N/m,分别计算 100 kHz、125 kHz 以及 150 kHz 频率下的仿真计算域声压场以及透镜内部的 y 方向的位移场,其结果如图 6.15 所示。

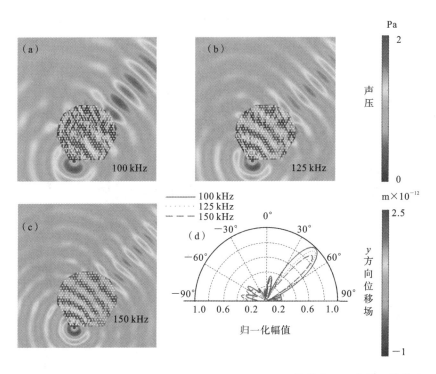

图 6.15 (a) 100 kHz、(b) 125 kHz 和(c) 150 kHz 下五模填充异形龙伯透镜的声压位移云图及(d)远场声压图(45°)

从图 6.15 中可以观察到,在各频率下点声源发出的柱形波在器件内部被逐渐准直,最终以平面波的形式从器件中发射出来,其射出的角度为 45°。观察各频率下的仿真计算域归一化远场声压图,可以看到远场声压在 45°时数值最大,在 −30°时数值最小。100 kHz 时的远场声压最大,125 kHz 时次之,150 kHz 时最小,分别是未放置器件时的远场声压幅值的 2.00、1.92 和 1.80 倍。三个频率下远场声压主瓣的半幅值角宽度分别为 29.6°、21.4°、18.8°。可以说明,器件在 45°方向实现了定向发射。

最后一步,将点声源放置于五模填充异形龙伯透镜左下方,距离透镜中轴 11 mm,源幅值设置为 1 N/m,分别计算 100 kHz、125 kHz 以及 150 kHz 频率下的仿真计算域声压场以及透镜内部的 y 方向的位移场,其结果如图6.16所示。

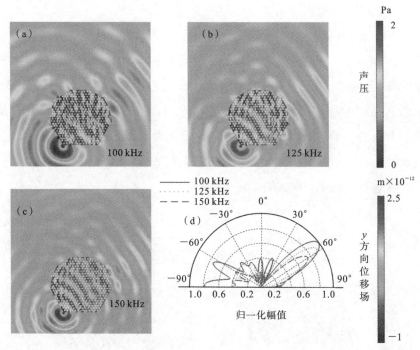

图6.16　(a) 100 kHz、(b) 125 kHz 和(c) 150 kHz 下五模填充异形龙伯透镜的声
压位移云图及(d)远场声压图(60°)

从图6.16中可以观察到,在各频率下点声源发出的柱形波在器件内部被逐渐准直,最终以平面波的形式从器件中发射出来,其射出的角度为60°。观察各频率下的仿真计算域归一化远场声压图,可以看到远场声压在60°时数值最大,在30°时数值最小。100 kHz 时的远场声压最大,125 kHz 时次之,150 kHz 时最小,分别是未放置器件时的远场声压幅值的1.69、1.62和1.31倍。三个频率下远场声压主瓣的半幅值角宽度分别为28.2°、22.8°、25.6°。可以说明,器件在60°方向实现了定向发射。

综上所述,成功实现了器件的多角度(−60°至60°)宽频(100 kHz 至150 kHz)定向发射。

6.1.5　水下声学器件定向发射性能实验

针对水下环境的声学定向发射实验,以下将首先从实验对象、实验条件和实验过程等方面对该实验的前期准备进行介绍。最后将实验结果同有限元仿真结果对比进行分析。

为了验证水声环境下基于五模材料填充的异形龙伯透镜器件的定向发射性能,采用光敏树脂利用 3D 打印得到了龙伯透镜模型,如图 6.17 所示。实际器件模型最长处为 100 mm,最宽处为 114 mm,底边宽度为 62 mm,高度为 10 mm,上下放置有两片厚度为 1 mm 的薄片。器件所用的材料为光敏树脂,其密度为 1140 kg/m³,杨氏模量为 2.2 GPa,泊松比为 0.4。超材料几何参数方面,晶胞最大长度 $a=2$ mm,空腔的宽度 $d=0.201$ mm,相邻空腔的角度 $\alpha=60°$。不同折射率下的 s 的大小如表 6.5 所示。

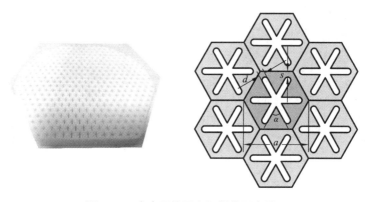

图 6.17　水声环境下实际器件示意图

表 6.5　等效折射率-s 对应表

等效折射率	s/mm	等效折射率	s/mm
2.30	0.121	1.50	0.275
2.10	0.149	1.42	0.300
2.00	0.165	1.36	0.321
1.90	0.183	1.30	0.342
1.80	0.203	1.26	0.360
1.75	0.213	1.22	0.377
1.70	0.224	1.20	0.386
1.65	0.236	1.18	0.396
1.60	0.248	1.14	0.416
1.55	0.261	1.10	0.436

基于声学发射和接收的互易性,本次实验选择对定向接收性能进行实验。实验测量系统布置方面,声学器件以及测量器材布置如图 6.18 所示,待测的水下声学器件放置于水深 350 mm 处,器件左侧同一深度上放置有换能器,通过连接信号发生器以及功率放大器对扬声器的发射信号进行控制。器件后方同一深度上放置悬挂一水听器,由步进电机控制,使水听器在水池宽度方向进行横移,水听器同数据信号采集系统连接,水听器将接收到的声信号转化为电信号,最终在电脑中利用数据分析软件进行采集和分析。

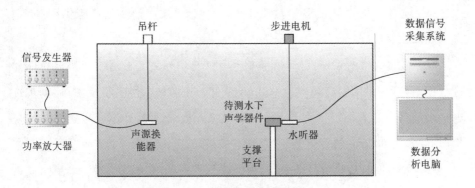

图 6.18　水下实验布置示意图

实际的布置图如图 6.19 所示,在水池上方放置一铝合金制的方形支撑架,在支架上悬吊声源换能器,在实验区域的合适区域放置好待测器件,为保证三

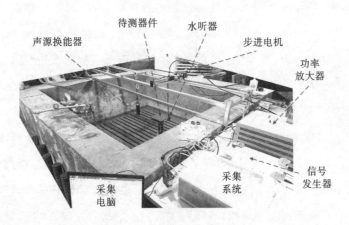

图 6.19　实际水下实验布置图

维实验测出二维试件的特性,考虑将器件放置于上下两片厚度为 10 mm 的钢板中,保证钢板间为平面波环境。钢板间有小支撑,保证器件的变形不受影响同时不遮挡声波。器件后方悬吊一水听器,通过支架上方的步进电机来调控位置。最后连接好相应的设备。图中众多仪器设备一起构成了一个比较完整的声波接收系统。

布置完成后便可开始对基于各向异性零密度超材料构成的声学器件的定向发射性能进行实验。实验的过程如下:

(1)测量系统的调试:调试测量系统,确保该系统的信噪比满足水下噪声测量的要求。

(2)接收信号的采集:启动信号发生器以及功率放大器对水下声源换能器进行控制,首先采用中心频率为 40 kHz 的脉冲正弦波信号进行发射,启动步进电机沿超材料底边进行移动,每隔 2 s 移动 2 mm,同时打开信号采集器进行采集,总共采集 80 mm 长度上共 40 个测点的信号。

(3)无器件时接收信号的采集:为了评估发射的增幅程度,第(2)步完成之后,将水下声学器件取出,将声源换能器和水听器置于原位置,测量没有器件时的发射信号,同有器件时的发射信号进行比较。

(4)测量数据的处理:将得到的时域信号在 MATLAB 中进行快速傅里叶变换得到频域信号。

针对水下环境异形龙伯透镜器件的声波接收实验,对测量数据进行处理,得到 20 kHz 至 40 kHz 频率范围内的频域信号。分别对 23 kHz、27 kHz、31 kHz 以及 34 kHz 四个频率下,器件定向接收的声压增幅曲线进行绘图,并同相应的有限元仿真结果进行对比,如图 6.20 至图 6.23 所示。分析曲线可以发现,实验和仿真结果的曲线趋势较为接近,中部测点(器件底边中部)处具有峰值,部分测点处实验和仿真结果在数值上有一定差异。波峰半能量宽度方面,实验值略大于仿真值,23 kHz 附近实验值较大,34 kHz 附近实验值同仿真值对应较好。总体上分析,实际器件在 23~34 kHz 范围内实现了对平面波的汇聚,根据声学发射和接收的互异性,器件声学定向发射的特性通过该实验得到了间接证明,在实验上证明了该水下定向发射器件设计的有效性。

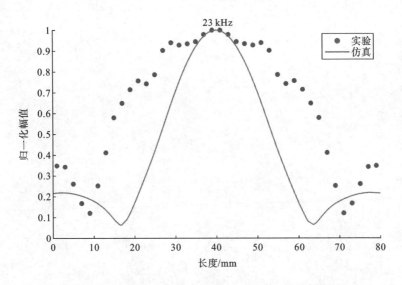

图 6.20　23 kHz 时定向接收实验与仿真结果比较

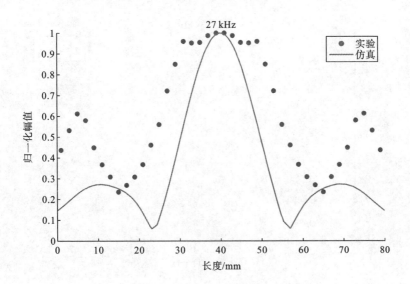

图 6.21　27 kHz 时定向接收实验与仿真结果比较

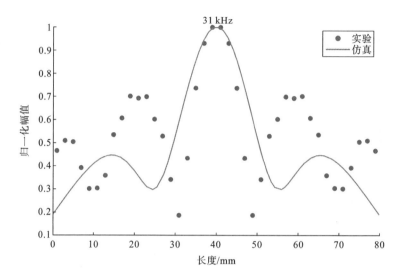

图 6.22　31 kHz 时定向接收实验与仿真结果比较

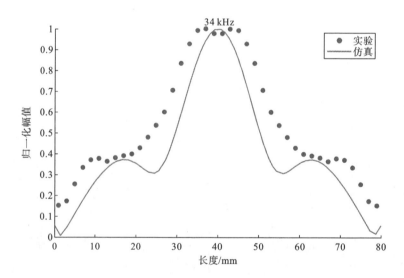

图 6.23　34 kHz 时定向接收实验与仿真结果比较

6.2　三维水下声学超材料及其应用

要实现波的三维全向指向性调控必须设计三维装置。Luneburg 透镜是一种球形透镜，由梯度折射率介质构成。平面波入射到透镜后将完美地聚焦在其表面上的径向相反的点上，因而可用于来波定向和点源的定向发射。理想的 Luneburg 透镜具有球对称折射率分布，因此在实现汇聚和发射时具有全向视野。Luneburg 透镜最先利用光子晶体和超材料在电磁学和光学领域中实现[189,190]，各种实际应用，如广角天线和雷达反射器已经得到了实现。

近年来，随着声子晶体和声学超材料的发展，用于声波[191-194]和机械波[195,196]控制的 Luneburg 透镜被提出。定向发射、声成像装置和紧凑型背向反射器等有广泛应用前景的设计已在二维结构中得到实验证明。然而，由于三维声子晶体/超材料的复杂单元设计和各向异性等问题，三维声 Luneburg 透镜的研究相对滞后。最近，日益成熟的 3D 打印技术为制造复杂结构提供了可能，3D 打印结构在空气和水下声学人工材料设计中显示出巨大潜力[197-199]。具有简单立方晶格的聚合物结构已被用于设计具有准各向同性折射率模式的三维声子晶体，研究人员利用该声子晶体构建了用于空气声全向聚焦的三维 Luneburg 透镜[200,201]。然而，对于水声而言，这种策略不再奏效。充水简单立方晶格很难满足透镜的折射率要求，因为水和固体材料之间的阻抗相近，即使是对基于金属材料的结构也是如此[202]。另一种水下声学结构设计思路是将声波引入固体结构，通过控制固体内机械波的传播从而实现所需的功能。基于金属材料的五模超材料因其具有较高的体积模量和较低的剪切模量而被提出作为水声控制的一种解决方案，其在水声传播控制、聚焦和隐身方面显示出突出的优势。然而，用于声波控制的三维五模超材料目前仍然只是在理论上可行，由于难以制造微小金属结构，三维五模器件的实验验证仍然是一项具有挑战性的任务。基于简单立方晶格的聚合物单元已被用于水声聚焦[197]，然而，该简单立方晶格表现出强烈的各向异性，限制了其实际应用。

在本节中提出了一种用于水声全角度聚焦的三维水声 Luneburg 透镜，该透镜由具有复合面心立方晶格的声子晶体构成，其中树脂球以树脂杆相连接。

分析了该声子晶体的三维折射率分布。对理想连续 Luneburg 透镜的折射率分布进行离散化处理，并根据离散折射率分布设计了三维声子晶体 Luneburg 透镜。该三维 Luneburg 透镜具有 5 层晶格，可通过 3D 打印加工而成。通过仿真和实验对该透镜的全向聚焦能力进行了检验。

6.2.1　复合面心立方声子晶体

本章中所设计的准各向同性三维声子晶体具有复合面心立方晶格，可以用光敏树脂通过 3D 打印来制造。图 6.24(a)和(b)给出了复合面心立方声子晶体的晶胞示意图和几何结构。该声子晶体由直径为 d 的树脂球和直径为 g 的树脂连接杆组成，晶格常数为 a。图 6.24 所示晶胞并不是该声子晶体的最小晶胞，但该晶胞在用于具体声学器件设计时更加方便，因此此处还是取该四方晶胞为声学器件的最小设计单元。

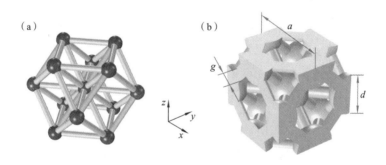

图 6.24　复合面心立方声子晶体(a)晶胞示意图和(b)几何结构图

该晶格的最小晶胞为菱形十二面体，如图 6.25(a)所示，利用它可以获得该声子晶体的能带结构。在 COMSOL Multiphysics 中构造了该声子晶体的有限元模型，在其边界设置 Floquet 周期性边界条件以计算其能带结构。有限元计算中使用的光敏树脂的材料参数为：密度 $\rho = 1140$ kg/m³，杨氏模量 $E = 2.2$ GPa，泊松比 $\nu = 0.4$。该声子晶体的固体材料之间充满空气，而由于固体材料和空气的阻抗相差较大、耦合作用可忽略，因此在计算中固体结构的表面设置为自由边界条件。

$a = 10$ mm、$d = 0.71a$、$g = 0.275a$ 的声子晶体的能带结构如图 6.26 所示，作为对比，在图中以红色直线给出了水的色散曲线。其能带图中最下方的两个

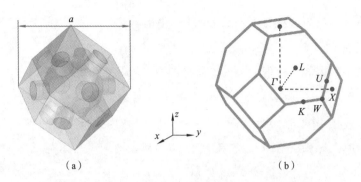

图 6.25 复合面心立方声子晶体的(a)最小晶胞和(b)第一布里渊区

带表示弹性剪切波的色散曲线,第三个带表示压力波的色散曲线。剪切波和压力波都是晶体中的传播模式,压力波 c_p 和剪切波 c_s 的有效相速度可以通过 $c_{p,s}=(2\pi f)/k_{p,s}$ 计算,其中 f 是频率,$k_{p,s}$ 是对应传播模式的波数。为了确保声学设计的宽带特性,在有效速度的计算中采用材料色散线近似为直线的频率,即低于 40 kHz 的频率。

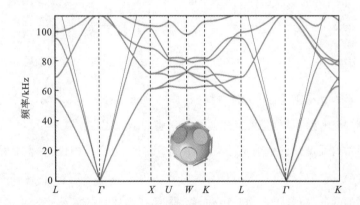

图 6.26 $a=10$ mm、$d=0.71a$、$g=0.275a$ **的复合面心立方声子晶体**

的能带结构(彩图见书末插页)

五模超材料具有高的压力波速与剪切波速比(c_p/c_s),其较高的 c_p/c_s 源自较高的体积模量与剪切模量比[32]。与五模超材料相比,面心立方晶格中的 c_p/c_s 相对较小(此处的声子晶体 $c_p/c_s=1.8$)。在这种情况下,机械波在声子晶体内传播时会发生压力波和剪切波之间的转换,这可能在一定程度上影响声学装置的性能。在这里,为了简化透镜的设计,假设水背景中的入射声波主要与声子晶体内的压力波耦合,忽略声子晶体中的剪切波。在此简化下,声子晶体的有效折射率定义为 $n_{eff}=c_0/c_p$,其中 $c_0=1490$ m/s 是水中的声速。

该声子晶体的等效折射率可以通过调整几何参数 d 和 g 来调节。图 6.27 给出了 $a=10$ mm,$d=0.67a$、$g=0.2a$ 的声子晶体的能带图,可以看出其压力波色散曲线在 40 kHz 以下比图 6.26 中稍加平缓,因此该声子晶体具有更高的有效折射率。计算显示图 6.26 和图 6.27 中所示的声子晶体在 $<1,0,0>$ 方向(即 ΓX 方向)上的有效折射率 n_{eff} 分别为 1.09 和 1.41。

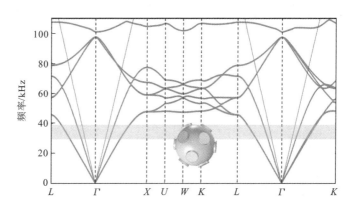

图 6.27　$a=10$ mm、$d=0.67a$、$g=0.2a$ 的复合面心立方声子晶体的能带结构

对于此类由带有空腔的固体材料构成的声子晶体,一般来说,随着填充比 φ(定义为单胞中起传导作用的介质体积与单胞的总体积之比)的减小,声子晶体的有效折射率将会增加。这里需注意,对于空气中的声学结构设计,空气是起传导作用的介质,固体材料可视为刚性壁;而对于水中声子晶体的设计,固体材料是起传导作用的介质,空气可视为自由边界。因此在固体材料的体积发生变化时,两种设计中的折射率随固体材料体积的变化趋势相反。$\varphi=100\%$ 的晶格事实上是均匀介质,具有各向同性,随着填充比的减小,声子晶体的等效折射率逐渐升高,可以此实现梯度折射率声学装置。然而,随着填充比的减小,声子晶体的各向异性也会增加,其各向异性不仅与晶格排布有关,还与晶胞的具体构造有关。

此处提出的复合面心立方晶胞可以在相对较大的填充率下获得需要的有效折射率,这使得晶体在满足折射率要求的前提下具有更小的各向异性。为了比较,构造了另外两种基于简单立方晶格和简单面心立方晶格的声子晶体,两者在$<1,0,0>$方向的有效折射率为$n_{\text{eff}}=1.41$。简单立方、简单面心立方和复合面心立方晶格的折射率分布如图 6.28 所示。简单立方、简单面心立方和复合面心立方晶体的填充率分别为$\varphi=43\%$、$\varphi=55\%$ 和 $\varphi=67\%$。图 6.28 所示的结果表明,简单立方晶格的折射率在 1.41~1.65 之间变化,简单面心立方晶格的折射率在 1.33~1.41 之间变化,复合面心立方晶格为在 1.38~1.42 之间变化。对于所有三个晶格,与期望折射率之间的最大偏差出现在$<1,1,1>$方向。简单立方晶格、简单面心立方晶格和复合面心立方晶格的最大折射率偏差分别为 17.9%、5.7% 和 1.4%,可见填充率的增加确实改善了复合面心立方晶格的各向同性。

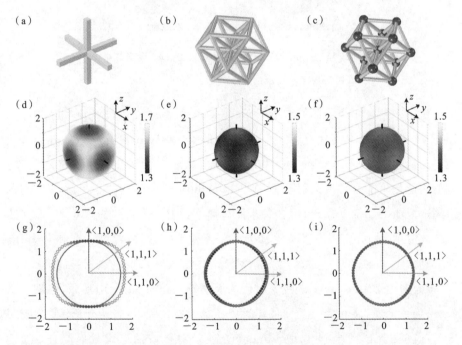

图 6.28 简单立方晶格(左)、简单面心立方晶格(中)和复合面心立方晶格(右)的示意图、三维折射率分布和在 $x=y$ 平面上的折射率分布

6.2.2 离散 Luneburg 透镜设计

Luneburg 透镜是一种无像差透镜,其折射率分布为 $n=(2-r^2/R^2)^{1/2}$。平面波入射到透镜后将完美地聚焦在其表面上的径向相反的点上。图 6.29(a)给

出了理想 Luneburg 透镜的折射率分布,可以看到其折射率在 $1\sim1.41$ 之间且从圆心向外逐渐降低。图 6.29(b)给出了理想二维 Luneburg 透镜用于汇聚平面波的效果图。Luneburg 透镜位于中部的虚线圆圈内,直径为 10 cm。幅值为1,频率为 35 kHz 的平面波沿 x 正方向从透镜左侧入射。图 6.29(b)给出的声压分布显示在透镜的右侧出现了声波汇聚,汇聚点的声压峰值为 2.5。

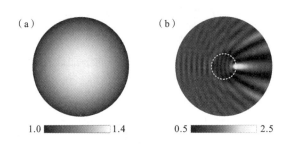

(a) 1.0 ▬▬▬ 1.4   (b) 0.5 ▬▬▬ 2.5

图 6.29 (a) 理想 Luneburg 透镜折射率分布;(b) 理想二维 Luneburg 透镜实现声波汇聚的声压幅值分布

接下来考虑用声子晶体构造 Luneburg 透镜,为了便于设计,在设计中使用图 6.24 中的方形晶胞代替图 6.25 中的菱形十二面体晶胞来构造 Luneburg 透镜。为此,理想的连续介质 Luneburg 透镜需要被离散为正方形晶格。材料参数的离散化可能会导致散射从而影响 Luneburg 透镜的性能。因此,构建了基于离散介质的二维 Luneburg 透镜来测试离散折射率模式。如图 6.30 所示,构造的离散 Luneburg 透镜直径为 10 cm,由五种不同的材料组成,折射率从内到外分别为 1.41、1.38、1.32、1.23 和 1.09。频率为 35 kHz 的入射声波沿<1,0,0>方向向离散 Luneburg 透镜入射后的聚焦效果如图 6.30(b)所示,与图 6.29(b)中连续介质 Luneburg 透镜的汇聚声压场对比发现,尽管两个透镜之间的声压场存在较小的差异,但离散 Luneburg 透镜对声波的聚焦效应与连续介质 Luneburg 透镜相比几乎没有变化。这种离散 Luneburg 透镜对称性降低,汇聚时可能存在各向异性,图 6.30(c)给出了入射平面声波从左下角(<1,1,0>方向)向离散 Luneburg 透镜入射后的聚焦效果,在图中可以看到在透镜右上角存在明显的声波汇聚。离散透镜在声波从两个方向入射时焦点处的最大声压都约为 2.5,与理想连续 Luneburg 透镜的最大声压相同,证明了这种离散折射率分布的有效性。

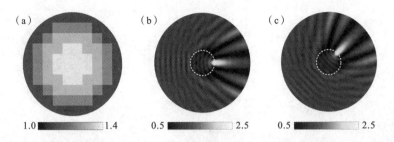

图6.30　(a) 离散 Luneburg 透镜折射率分布；(b) 离散 Luneburg 透镜实现<1,0,0>方向的声波汇聚；(c) 离散 Luneburg 透镜实现<1,1,0>方向的声波汇聚

进一步，根据该离散 Luneburg 透镜折射率分布，可使用具有相应折射率的三维复合面心立方声子晶体单元来形成准二维 Luneburg 透镜，如图6.31(a)所示。透镜的厚度为 a，直径为 $10a+2t$，其中 $t=0.8$ mm 是围绕透镜圆柱形表面的树脂壁的厚度。这层树脂壁可以增大结构与水域的接触面积，从而使水中的声波更好地转换为结构中的机械波。用有限元方法研究了声子晶体透镜的性能，在有限元仿真中，透镜的上表面和下表面添加了周期性边界条件，使其成为准二维结构。声波从准二维 Luneburg 透镜左侧入射时的声压分布数值计算结果显示在图6.31(b)中，该结果表明在准二维 Luneburg 透镜右侧存在声波汇聚点，这表明该声子晶体的折射率在<1,0,0>方向上是有效的。其次，该焦点处的最大声压约为2，低于理想的 Luneburg 透镜的汇聚点最大声压。这种汇聚声压的降低来自该声子晶体中的压力波和剪切波之间的转换，因为这种复合面心立方声子晶体中的 $c_{\mathrm{p}}/c_{\mathrm{s}}$ 较低（约为1.8）。透镜内入射波方向的质点位移也绘制在图6.31(b)中，从图中可以清楚地看到透镜内部机械波的汇聚效应。以上结果说明声子晶体内的剪切波可能会降低透镜的汇聚效率，但不会完全破坏透镜的聚焦能力。因此，该基于复合面心立方声子晶体的离散 Luneburg 透镜仍然可以有效地用于声学聚焦。图6.31(c)进一步给出了声波从准二维 Luneburg 透镜左下侧入射时的声压分布，该结果表明在准二维 Luneburg 透镜右上侧存在声波汇聚点，该焦点处的最大声压约为2。事实上图6.31(b)和(c)中的声压场和位移场表现出很好的相似性，这说明该声子晶体的折射率在<1,1,0>方向上也能够满足聚焦要求，也证实了这种复合面心立方晶格具有较好的各向同性。

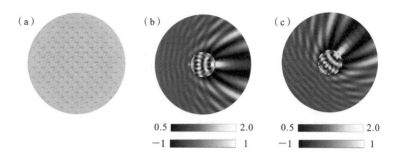

图 6.31 (a) 基于三维声子晶体的准二维 Luneburg 透镜;(b) 准二维 Luneburg 透镜实现 <1,0,0> 方向的声波汇聚;(c) 准二维 Luneburg 透镜实现 <1,1,0> 方向的声波汇聚

6.2.3 三维 Luneburg 透镜水声实验

利用提出的复合面心立方声子晶体构造了一个三维水下 Luneburg 透镜。透镜的直径为 $10a$,由五种具有不同折射率的声子晶体单元组成。五种具有不同折射率的声子晶体单元在三维 Luneburg 透镜中的分布如图 6.32 所示。五种声子晶体的折射率分别为 $n=1.41,n=1.38,n=1.32,n=1.23,n=1.09$。最

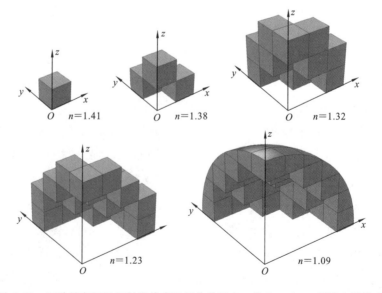

图 6.32 五种具有不同折射率的声子晶体单元在三维 Luneburg 透镜中的分布

外层声子晶体仅保留半径小于 $5a$ 的部分，由于直接截取的球状结构表面存在孔结构，会导致透镜内部进水从而使等效折射率分布发生变化，因此将厚度 $t=0.8$ mm 的树脂壳添加到透镜外部以进行防水处理。事实上，这层树脂壳同时增加了结构与水之间的接触面积，因而可以更好地将水中的声波与结构中的机械波耦合。

该透镜用光敏树脂通过 3D 打印得到。在实验样品制备时，为了方便清洁结构中的液体树脂，对完整的球形 Luneburg 透镜模型进行了前期处理。如图 6.33 所示，透镜的上端和下端各被去除了高度为 $0.5a$ 的两小部分，这两端的孔洞使得透镜中的树脂在打印过程中会随时流出，也方便了后期冲洗清理。打印完成后再将上下两端面用厚度为 t 的树脂板密封。

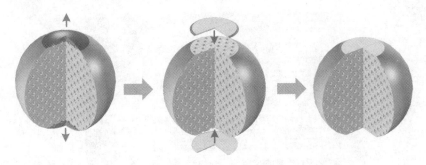

图 6.33　声子晶体 Luneburg 透镜加工过程示意图

3D 打印声子晶体 Luneburg 透镜实物图如图 6.34(a) 所示(图中透镜的上下两端面尚未做水密处理)。图 6.34(b) 显示了透镜内部结构的细节，可以看出 3D 打印能够较好地还原该三维声子晶体 Luneburg 透镜模型。

设计了水声实验对该声子晶体 Luneburg 透镜模型的聚焦性能进行验证，实验中使用的水池尺寸为 2 m×2 m×0.7 m，水池及测试系统布置如图 6.35 所示。

水声实验系统示意图如图 6.36 所示。直径为 60 mm，高度为 180 mm 的圆柱形声源放置在远离实验样品的位置用于产生平面波。在实验中，声源中心与声子晶体 Luneburg 透镜中心之间的距离为 0.5 m。实验中采用杭州应用声学研究所研制的 RHS(A)-5 水听器，水听器总长度为 20 cm，其有效测量区域为前端直径为 9 mm 的小球。水听器被安装在二维步进扫描平台上以实现精

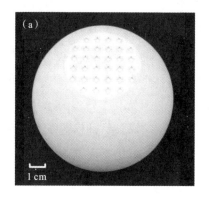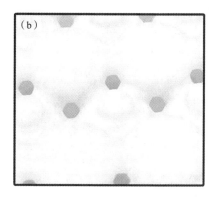

图 6.34　3D 打印声子晶体 Luneburg 透镜实物图

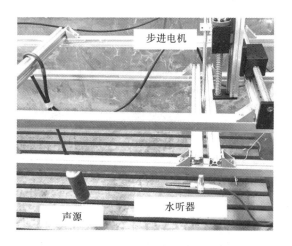

图 6.35　水池及测试系统布置现场照片

确的二维定位。圆柱体声源由信号发生器(RIGOL,DG1022Z)和功率放大器以特定频率的 10 周期脉冲正弦波激励。样品距后侧池壁距离为 0.7 m,由于实验水池为无吸声尖劈的混响水池,采用脉冲信号可以有效避免池壁回波对实验信号的干扰。

　　实验时二维步进扫描平台带动水听器逐点移动扫描聚焦平面上的压力场,聚焦平面位于透镜表面后 5 mm,面积为 $100 \times 100 \ mm^2$。扫描平台带动水听器按图 6.37 所示的路径移动,扫描步长为 5 mm,总测量点数为 $21 \times 21 = 441$。注意:进行水声实验之前应将水下声源、水听器和 3D 打印模型等水下设备没入水

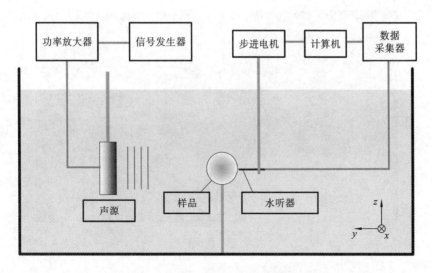

图 6.36　水声实验系统示意图

中充分浸润,使声学设备的性能在测试期间保持稳定,如图 6.38 所示。

以下以 34 kHz 为例,给出实验过程中所采集到的部分信号。

34 kHz 脉冲信号入射时水听器采集到的电信号如图 6.39 所示,可以看到在 200 s 左右信号出现了较大的峰值,此时对应 $z=0$ mm 的高度,说明声波在经过该透镜后在 z 方向存在汇聚效应。

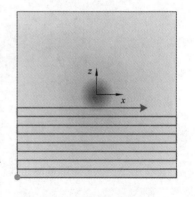

图 6.37　水听器在聚焦平面
的扫描路径

图 6.40 进一步给出了 34 kHz 脉冲信号入射时 190～210 s 的电信号,对应水听器在 $z=0$ mm 的高度从 $x=-50$ mm 移动到 $x=50$ mm。可以看到信号在 200 s 左右出现了较大的峰值,对应 $x=0$ mm 的位置,说明声波在经过该透镜后在 x 方向也存在汇聚效应。

实验中采集到的单个脉冲信号如图 6.41 所示,可以看到直达信号在 1.25 ms 到达,在 2.26 ms 出现散射回波,两者时间差与样品与池壁之间的距离相符合,因此数据处理时可以用时域滤波排除反射波对测试结果的影响。对每个测

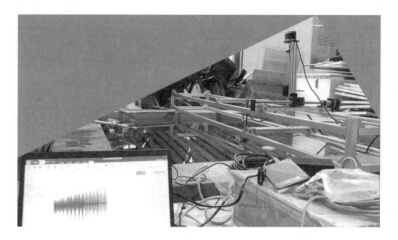

图 6.38　测试现场

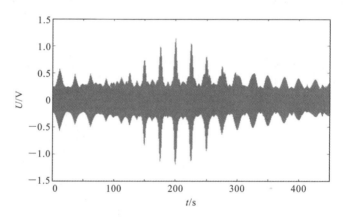

图 6.39　35 kHz 脉冲信号入射时的电信号

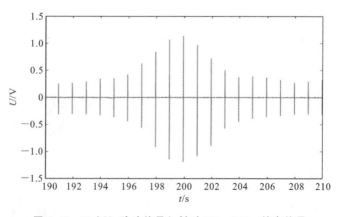

图 6.40　34 kHz 脉冲信号入射时 190～210 s 的电信号

点的信号进行快速傅里叶变换之后得到特定频率的声压,进而可以得到整个聚焦平面内的声压分布,又由于汇聚点声波近似为平面波,故可以平方关系得到声强分布。

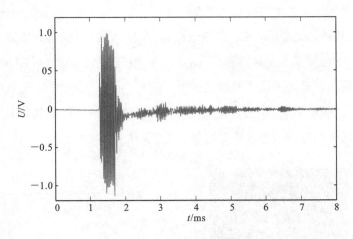

图 6.41　单个脉冲信号

为了验证声子晶体 Luneburg 透镜的聚焦性能,首先测量该透镜在声波沿 $<1,0,0>$ 方向入射时的声场,测试信号频率为 34 kHz,聚焦平面上的声强分布如图 6.42(a)所示,可以看到在聚焦平面的中心出现了明显的能量集中。图 6.42(b)给出了在 34 kHz 下沿聚焦平面 x 轴的归一化声强分布,并与没有透镜时采集的信号进行比较,可以看到在 $<1,0,0>$ 方向入射时,透镜上焦点的声能明显增加,增益为 4.8。这表明该 Luneburg 透镜在 $<1,0,0>$ 方向是有效的。

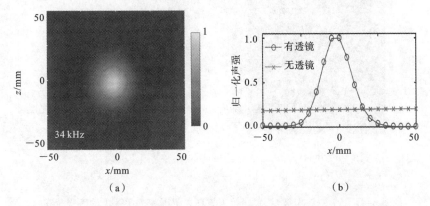

图 6.42　34 kHz 声波从 $<1,0,0>$ 方向入射时聚焦平面上的声强分布

为了验证该透镜的全向聚焦能力,对透镜的姿态进行调整以获得对应 $<1,1,0>$ 和 $<1,1,1>$ 的入射方向。实验中测得的 34 kHz 声波从 $<1,1,0>$ 和 $<1,1,1>$ 的方向入射时的声强分布分别如图 6.43(a) 和图 6.44(a) 所示,可以看到在聚焦平面的中心也出现了能量集中。图 6.43(b) 和图 6.44(b) 给出了对应的沿聚焦平面 x 轴的归一化声强分布。可以看到透镜焦点位置上的声能明显增加,增益分别为 3.6 和 2.9。这些结果表明该声子晶体 Luneburg 透镜具有全方向声波汇聚能力。需要指出的是,该声子晶体 Luneburg 透镜的增益低于理想 Luneburg 透镜(可通过数值模拟得到理想 Luneburg 透镜增益为 16.4)。这种差异可以部分归因于水听器的散射效应,因为实验中使用的水听器直径约

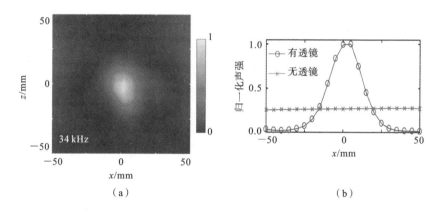

(a)   (b)

图 6.43 34 kHz 声波从 $<1,1,0>$ 方向入射时聚焦平面上的声强分布

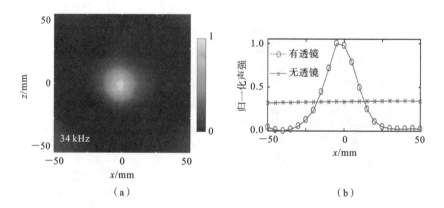

(a)   (b)

图 6.44 34 kHz 声波从 $<1,1,1>$ 方向入射时聚焦平面上的声强分布

为聚焦点宽度的 0.4 倍,但主要还是因为透镜中压力波与剪切波存在转换。而实验结果表明,这些不利因素仅对汇聚效率产生影响,不会破坏透镜的聚焦能力,因此还是能够用于声源方向识别。

该三维透镜采用非共振声子晶体设计而成,应能在较宽的频率范围内工作。图 6.45 给出了三维 Luneburg 透镜在 $<1,0,0>$、$<1,1,0>$ 和 $<1,1,1>$ 方向 30 kHz 和 38 kHz 频率下的声波汇聚效果。该结果表明,三维 Luneburg 透镜在 30 kHz 和 38 kHz 之间都具有良好的聚焦性能。

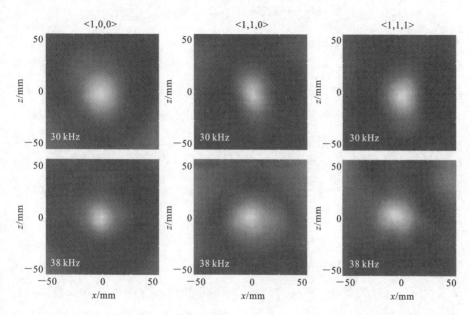

图 6.45 三维 Luneburg 透镜在 $<1,0,0>$、$<1,1,0>$ 和 $<1,1,1>$
方向不同频率下的声波汇聚效果

6.3 水下声学超表面及其应用

6.3.1 水下高透射超表面

在水下环境中由于水体对电磁波的吸收干扰,声波成为水下探测和通信的重要手段,水中声波操控在海洋资源的探测和开发、水声通信和潜艇声隐身上具有广阔的应用前景。同时生物医学领域中超声诊断和成像中的声波传播介质属性与水体相近,水声操控的相关研究成果可以推广至医学领域。近年来,利用声人工结构实现水下声波操控成为新的研究热点,已经实现了声隐身、水声聚焦和水声负折射等新颖现象。这些研究大多采用了五模材料实现声波操控,例如北京理工大学的陈毅等利用五模材料设计了水下声波斗篷,实现了宽带的水下声隐身。但是五模材料器件在制备加工上存在较大难度,同时五模材料器件中大多存在空气空腔结构,存在耐压性差的缺点,难以在深水环境中应用。

下面讨论非耐压性的空间折叠结构在水下声学超表面中的应用。空间折叠结构利用声波在通过由固体框架中曲折的流体通道传播时产生的额外相位延迟实现相位调控,在空气声学超表面的研究中得到了广泛的应用,相继出现迷宫单元和锥形迷宫单元等多种单元构型,但由于空气和水的特征阻抗差异较大,这些单元构型不能直接用于水声操控中。Jahdali 等提出了一种水下空间折叠结构并指出在曲折通道中填充合适的介质可以实现水下阻抗匹配,通过有限元仿真验证了由填充异戊烷(C_5H_{12})的空间折叠结构单元的超表面水下高效聚焦。但通常难以找到合适的填充介质,例如异戊烷具有毒性且易燃,难以在工程中应用。

本节首先讨论了迷宫单元典型元胞结构在水下的等效声学属性,随后提出一种适用于水下声波操控的楔形空间折叠结构。楔形空间折叠结构的等效声学属性可以通过调节楔形框架的几何尺寸进行控制,且结构的阻抗失配可以通过在结构两侧附加四分之一波长匹配层进行改善,由此获得了一系列相位延迟相继变化且透射率极高的空间折叠单元。利用这些单元,构建了梯度相位超表面和超表面透镜,并通过有限元仿真验证了水声环境中的平面波偏转和平面波聚焦等声波操控功能。

1. 水下空间折叠单元

首先考虑空气声超表面中广泛应用的迷宫单元在水下的等效声学属性。图 6.46 给出了计入流固耦合效应的单元等效声学属性反演的有限元仿真模型示意图,其中的微结构为迷宫单元元胞。两侧由蓝色区域标识的固体框架上的长条形齿(长度为 b,厚度为 t)相互交错,形成了微结构中曲折的流体通道。在固体结构近似刚性时,背景介质中传播的声波将大致沿着曲折通道传播,穿过单元时其实际传播距离远大于单元厚度,其等效声速得以大幅降低,因此迷宫结构单元可以被等效为高折射率介质。由于空气介质阻抗与固体材料的阻抗差异较大,一般固体结构均可近似为刚性。而水体的特征阻抗与固体介质的差异较小,耦合效应更加明显。

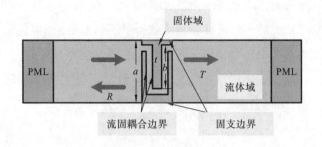

图 6.46 计入流固耦合效应的单元等效参数反演有限元模型

对比水下流固耦合、理想刚性和空气流固耦合三种工况下迷宫单元元胞的等效声学属性。如图 6.46 所示,流体域中的平面入射声波照射到结构上产生透射和反射,由透射和反射系数可以反演单元的等效折射率和等效阻抗。在理想刚性工况中,固体结构外边界设置为刚性。在水(空气)流固耦合工况中,流体域设置为水(空气),固体结构上下两端边界设置为固支边界,其他边界设置为流固耦合边界。有限元仿真使用了 COMSOL Multiphysics 的流固耦合模块。在流体域两端设置了完美匹配层(PML)以避免边界的反射。固体结构材料设置为钢,相关仿真材料参数设置为:钢密度 $\rho_i = 7870$ kg/m³,钢杨氏模量为 $E = 200$ GPa,钢泊松比为 $\upsilon = 0.29$,水密度 $\rho_w = 998$ kg/m³,水声速 $c_w = 1485$ m/s,空气密度 $\rho_a = 1.225$ kg/m³,空气声速 $c_a = 343$ m/s。结构尺寸参数为:单元高度 $a = 20$ mm,齿厚度 $t = 3$ mm,齿长度 $b = 14$ mm,通道宽度恒定为 2 mm。

图 6.47(a)和(b)给出了三种工况中透射系数的幅值和相位随频率的变化关系,从透射系数的幅值和相位可以获得超表面单元局部相位控制中的透射率和相位延迟。由于空气与固体材料的巨大阻抗差异,声波难以激发结构的弹性响应,空气流固耦合工况下元胞的透射系数在极宽频带内与刚性工况元胞透射系数一致。而水体与固体材料的阻抗更相近,因此水下声波更容易激发结构的弹性响应。在频率较低时,水下流固耦合元胞的弹性响应比较微弱,元胞透射

系数与刚性元胞透射系数保持一致。随着频率升高，水下耦合元胞的弹性响应增强，与刚性元胞透射系数逐渐分化。图 6.47(c)和(d)给出了元胞的等效折射率和等效阻抗，刚性元胞和空气流固耦合元胞在频带内等效属性基本一致且呈现无色散特征。水下流固耦合元胞等效属性仅在低频时与刚性元胞保持一致，而随着频率升高与刚性单元等效属性逐渐分化。在 $k_a = 0.14$(约 1.7 kHz)时水下耦合元胞等效折射率与刚性元胞等效折射率偏差达到 10%，且偏差随频率不断增大。因此空气中迷宫结构元胞等效声学属性与刚性结构元胞属性相近，呈现无色散性。但水下迷宫结构元胞等效声学属性仅在频率较低时与刚性结构元胞属性相近，此时元胞等效属性呈现弱色散性。

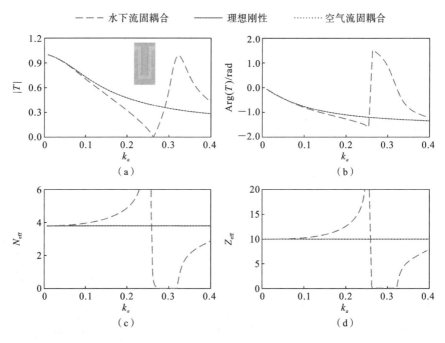

图 6.47 迷宫单元元胞在水下流固耦合、刚性边界和空气中流固耦合三种边界条件下的(a)单元透射系数幅值、(b)透射系数相位、(c)等效折射率和(d)等效阻抗（彩图见书末插页）

接下来通过改变迷宫结构元胞中长条形齿的长度 b 和厚度 t 来研究迷宫结构刚度对元胞等效属性色散性影响。图 6.48(a)和(b)给出了齿厚度 t 增厚至 4 mm 时，元胞在水下流固耦合和理想刚性两种工况下透射系数幅值和等效折射率,其中图 6.48(a)中子图为元胞结构示意图。耦合元胞等效折射率相对于刚性元胞等效折射率的偏差在 $k_a = 0.194$(约 2.3 kHz)时达到 10%。图 6.48(c)和(d)给出了齿厚度 b 减小至 10 mm 时元胞在水下流固耦合和理想刚性两种工况下透射系数幅值和等效折射率,其中图 6.48(c)中子图为元胞结构示意图。耦合元胞等效折射率相对于刚性元胞等效折射率的偏差在 $k_a = 0.3$(约3.6 kHz)时达到 10%。通过增加长条齿的厚度或减小其长度可以提高迷宫结构的刚度,迷宫结构元胞在低频段等效属性色散性更弱,低频等效属性接近于理想刚性结构元胞。因此,可以通过提高空间折叠结构的刚度来设计水下性能更稳定的超表面单元结构。

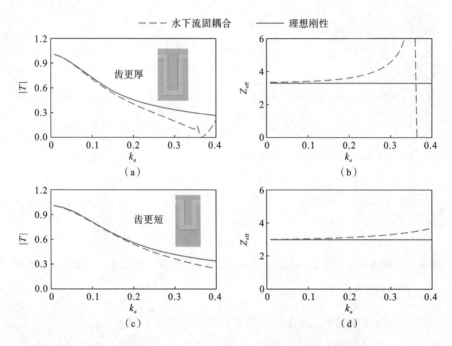

图 6.48　迷宫结构元胞齿厚度增厚时的(a)透射系数幅值和(b)等效折射率,以及迷宫结构元胞齿长度减短时的(c)透射系数幅值和(d)等效折射率

　　提出的空间折叠结构元胞如图 6.49(a)所示,元胞的高度为 $h = 3$ mm,通过固定在厚度为 t_0 的基座上高度为 l 的楔形齿相互交错形成了"Z"字形水通道。图 6.49(b)~(d)分别给出了在水下流固耦合和理想刚性条件下元胞的透射系数幅值、等效折射率和等效阻抗随频率的变化关系。楔形齿相比于长条状齿刚

度更大,在频率 $k_a=0.6$(约 7.1 kHz)以下频段中元胞的等效属性比较稳定。在这个频段内折叠空间元胞等效属性主要由元胞中的液体通道主导,其中元胞的等效折射率近似于曲折通道长度与元胞厚度比,主要通过元胞厚度 d 和楔形齿高度 l 控制。元胞的等效阻抗近似于元胞的高度与通道宽度比,主要通过曲折通道高度 w 控制。

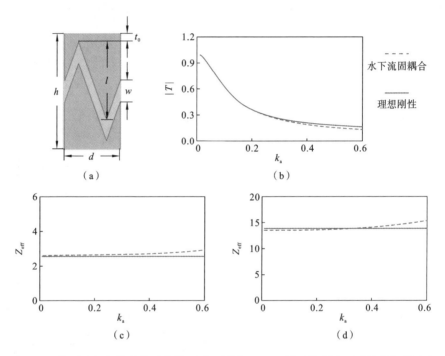

图 6.49 楔形空间折叠结构元胞的(a)典型结构、(b)透射系数幅值、(c)等效折射率和 (d)等效阻抗

在元胞厚度固定时,通过调节元胞中楔形齿高度 l 和通道高度 w 可以控制元胞的等效声学属性。如图 6.50(a)和(b)所示,随着楔形齿高度 l 的增加,曲折通道长度增长宽度变窄,元胞的等效折射率和等效阻抗均变大。图 6.50(c)和(d)给出了楔形空间折叠结构元胞的等效折射率和等效阻抗随曲折通道高度 w 的变化规律。随着曲折通道宽度 w 的增大,曲折通道长度几乎不变而宽度变宽,因此元胞的等效折射率变化不大而等效阻抗显著减小。为了获取特定折射率和阻抗参数的元胞,首先可以通过折射率大致估计楔形齿高度 l,然后通过阻

抗大致估计通道高度 w,最后结合有限元仿真等效参数反演方法对估算的尺寸参数精选微调,从而获取所需的楔形空间折叠结构元胞。

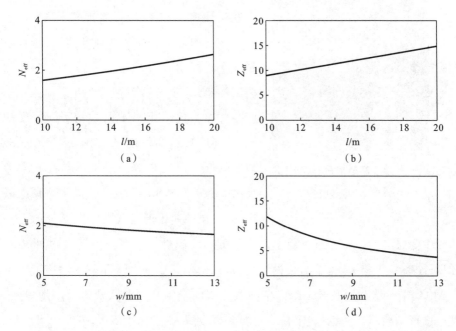

（a）　　　　　　　　　　　（b）

（c）　　　　　　　　　　　（d）

图 6.50　（a）-（b）楔形空间折叠结构元胞的等效折射率和等效阻抗随楔形齿高度 l 的变化规律;（c）-（d）楔形空间折叠结构元胞的等效折射率和等效阻抗随曲折通道高度 w 的变化规律

2. 敷增透层楔形空间折叠单元

楔形空间折叠单元虽然在一定频带内具有稳定的等效声学属性,但其阻抗与背景介质失配,导致单元的透射率较低。为了解决这个问题,通过引入四分之一波长增透层来设计高透射率超表面单元。图 6.51 为敷增透层单元结构示意图,单元呈现三层式结构,中间为相位调控层,在两侧虚线框内覆盖相同的增透层。每层结构由 M_i 个宽度为 d_i 的楔形空间折叠元胞组成,当阻抗层声学属

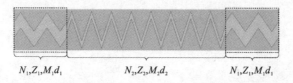

N_1,Z_1,M_1d_1　　　　N_2,Z_2,M_2d_2　　　　N_1,Z_1,M_1d_1

图 6.51　敷增透层楔形空间折叠单元的结构示意图

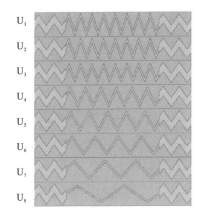

U_1
U_2
U_3
U_4
U_5
U_6
U_7
U_8

图 6.52 水下高透射声学超表面单元结构示意图

性满足 $M_1 d_1 N_1 = \lambda_0/4$ 和 $Z_1 = \sqrt{Z_2 Z_w}$ 时,其中 $Z_w = \rho_w c_w$ 为背景水体的特征阻抗,单元会在设计频率 $f_0 = c_w/\lambda_0$ 实现完全透射。

为了构建水下高透射声学超表面,设计了 8 个透射率极高且透射相位依次变化的微结构单元,如图 6.52 所示。8 个单元在中间相位控制层采用了不同数量不同厚度的元胞,元胞数量和厚度满足 $M_2 N_2 = 12$ mm 使中间层的厚度相等。通过调整元胞楔形齿高 l 使 8 个单元中间层等效折射率依次减小,同时调整曲折通道宽度 w 使单元的 8 个单元中间层等效阻抗相近。由于增透层的声学属性需求仅与中间层的阻抗 Z_2 和设计频率 f_0 相关,为了简化设计,在这 8 个单元中使用了相同的增透层。表 6.6 中列出了增透层和 8 个单元中间层元胞的详细几何参数及等效声学属性。其中楔形结构材质为钢,相关仿真材料参数设置为:钢密度 $\rho_i = 7870$ kg/m³,钢

表 6.6 8 个单元中间层及增透层元胞几何参数及等效声学参数

元胞	d_2/mm	M_2	l_2/mm	w_2/mm	Z_2	N_2
U_1 中间层	15	8	22.5	5.5	15.31	2.95
U_2 中间层	15	8	20.5	5.5	14.04	2.70
U_3 中间层	15	8	18.4	5.0	14.11	2.48
U_4 中间层	20	6	20.5	4.5	13.85	2.20
U_5 中间层	24	5	21.0	4.0	13.96	1.99
U_6 中间层	30	4	20.5	3.2	14.83	1.72
U_7 中间层	40	3	21.0	2.8	14.64	1.50
U_8 中间层	60	2	19.5	2.3	14.73	1.27
元胞	d_1/mm	M_1	l_1/mm	w_1/mm	Z_1	N_1
增透层	20	2	14.0	11.5	3.74	1.46

杨氏模量为 $E=200$ GPa,钢泊松比为 $\upsilon=0.29$。背景介质水的材料参数为密度 $\rho_w=998$ kg/m³,水声速 $c_w=1485$ m/s。元胞高度 h 固定为 30 mm。

通过有限元仿真分别计算了 8 种单元在平面波入射下的透射率和产生的相位延迟,结果分别如图 6.53(a)和(b)所示。根据单元增透层的等效折射率可得单元的设计全透射率 $f_0=c_w/(4M_1d_1N_1)$ 约为 6.35 kHz,而仿真结果中在 6~6.5 kHz 的频带内单元的能量透射率均高于 90%。在设计频率上,相邻单元间的相位延迟差约为 π/4,通过这些单元可以实现全范围的相位调控。接下来将利用这些同时具有高透射率和灵活相位调控能力的敷增透层楔形空间折叠单元构建超表面,以实现对水中声波的操控。

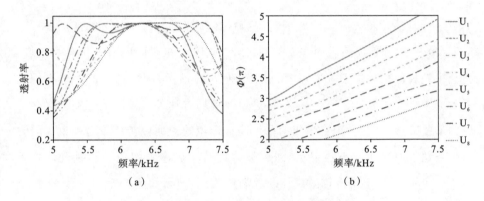

图 6.53　敷增透层楔形空间折叠单元的(a)透射率和(b)相位延迟

3. 基于超表面的水声异常折射

首先构建具有恒定相位梯度的水下超表面以实现声波的异常折射。超表面结构如图 6.54 所示,由 U_1~$U_8$8 种高透射单元每种 4 个依次排列而成,其中相邻单元对称布置以提高单元的结构稳定性。在 6.3 kHz 时单元的相位分布如图中散点所示,超表面的相位梯度 $d\phi(x)/dx$ 约为 7。根据广义斯涅耳定律,声波在穿过具有相位梯度的超表面时,其传播方向将发生偏转。由式(4.1)可以预测该超表面将对 6.3 kHz 的正入射平面波产生约 15.2°的偏转。由图 6.53 (b)可以发现单元 U_1~U_8 间的相位差随频率变化不大,同时这些单元在一定带宽内均能保持较高透射率,因此可以预期超表面的声波偏转操控具有频率稳定性。

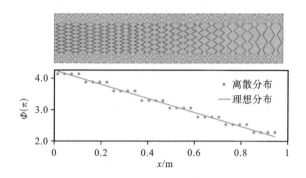

图 6.54 上图为基于敷增透层楔形空间折叠单元的水声异常折射超表面,下图为单元的相位延迟分布

通过有限元频域仿真计算了超表面在高斯波正入射激励下的声压场。图 6.55(a)～(c)分别为超表面在 6 kHz、6.25 kHz 和 6.5 kHz 时的仿真声压场,仿真中超表面被放置于水中,如图中浅灰色部分所示,固体结构的外边界均设置为流固耦合边界。在三个频率下,透射波束均得到了有效的偏转并且保存了较为平整的透射波前,偏转角与由白色箭头标识的预测偏转角较为一致。同时由于各超表面单元的高透射率,透射波束维持了较高的幅值。同时也计算了 5.5～7 kHz 频率范围内透射声场的远场声压级,结果如图 6.56 所示。在各个频率下透射波束的主瓣方向均位于 106°方向上,与超表面的设计偏转角相近。

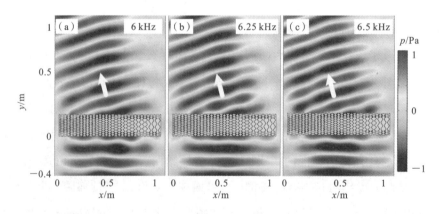

图 6.55 超表面在 6 kHz、6.25 kHz 和 6.5 kHz 正入射高斯波激励下的仿真声压场(彩图见书末插页)

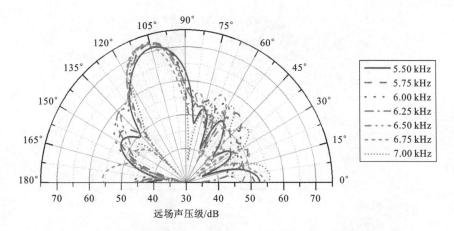

图 6.56　异常折射超表面透射波束在 5.5～7 kHz **频率范围内的远场声压级**

透射波束的瓣宽度较窄,远场声压级在 99° 和 111° 处衰减约 3 dB。基于敷增透层楔形空间折叠单元的超表面实现了稳定高效的水下声波偏转操控。

4. 水下超表面透镜

接下来将利用敷增透层楔形空间折叠单元设计水下超表面透镜,并验证其对平面入射波的声聚焦操控和对柱面波的声准直操控。以焦距为 $F=0.9$ m 的凸透镜为例,沿超表面的相位分布应满足 $\phi(x)=k_0(F-\sqrt{F^2+x^2})+\phi(0)$,如图 6.57 中橙色曲线所示,其中 $\phi(0)=4.2\pi$ 为超表面中心位置处的相位延迟,可以看到单元的相位呈对称分布。利用敷增透层楔形空间折叠单元 $U_1\sim U_8$ 对超表面透镜的理想相位分布进行离散实现。超表面由 48 个敷增透层楔形空间折叠单元组成,图 6.57 展示了超表面右半部分的单元结构。中部位置为相位延迟最大的单元 U_1,右端为相位延迟最小的单元 U_8。

为验证所设计超表面的水声聚焦效果,通过数值仿真计算了超表面透镜在高斯波正入射激励的聚焦声场幅值平方分布。图 6.58(a)～(c)分别是超表面透镜在 6 kHz、6.25 kHz 和 6.5 kHz 时的仿真结果。可以发现在各频率下,超表面上方的透射区域均产生明显的声聚焦现象且焦点位置较为一致。超表面透镜在三个频率点上均具有较高的透射率,特别是在 6.25 kHz 和 6.5 kHz 时由于各超表面单元透射率更接近于全透射,透镜焦点处的声压幅值更大。

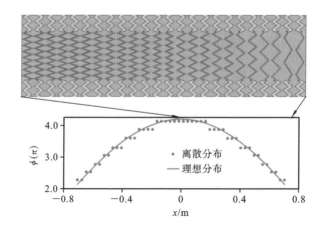

图 6.57　上图为敷增透层楔形空间折叠单元的超表面透镜部分结构,下图为超表面透镜的理想相位分布和构造单元的离散相位分布(彩图见书末插页)

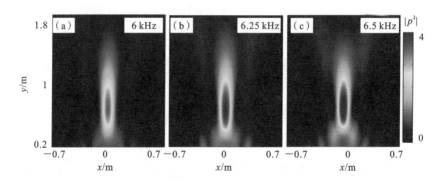

图 6.58　超表面透镜在 6 kHz、6.25 kHz 和 6.5 kHz 高斯波正入射激励下的仿真结果

5. 小结

6.3.1 节提出了一种适用于水下声波操控的楔形空间折叠结构,在一定频段内结构具有弱色散等效声学属性。通过调节楔形固体框架的几何尺寸可以对空间折叠结构的等效声学属性进行控制。通过在楔形空间折叠结构两侧附加四分之一波长增透层可以改善结构的阻抗失配进而提高透射率。基于敷增透层楔形空间折叠结构获得了一组相位延迟相继变化的单元,在 6~6.5 kHz 频带内透射率均高于 90%。利用这些单元构建了梯度相位超表面和超表面透镜,通过仿真分析验证了超表面对水中声波稳定的声波偏转和声波聚焦操控。

6.3.2 水下宽带声学超表面

1. 基于楔形空间折叠结构的水下宽带弱色散单元

在水下利用楔形空间折叠结构来构造少层宽带弱色散单元,图 6.59(a)给出了楔形空间折叠单元元胞结构示意图。元胞由上下两个交错的楔形齿状固体结构和其中曲折的流体通道构成。在上节中验证了元胞在 7 kHz 以下频段中具有弱色散的等效声学属性,其等效折射率和等效阻抗可以通过调节元胞楔形齿的宽度 d 和高度 l 以及曲折通道高度 w 进行控制。单个少层单元中的功能层、内侧辅助层和外侧辅助层分别由三种不同的元胞构造。构建了 8 个具有不同功能层的水下少层单元,其中单元中功能层的元胞的尺寸参数和声学参数由表 6.7 给出。不同单元间功能层的等效折射率依次递减而等效阻抗基本在 14.5 左右,以此 $Z_3 = 14.5$ 为基准,对不同的单元采用了统一的辅助层元胞,详细参数见表 6.7。对应的设计基频 $f_0 = c_0/4N_1L_1$ 约为 6.3 kHz。

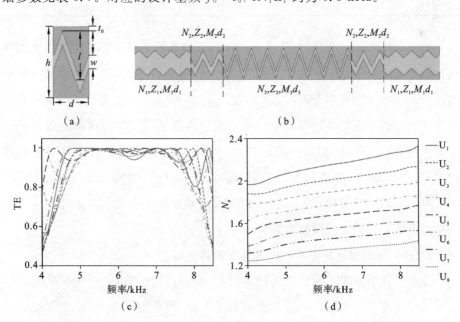

图 6.59 (a) 楔形空间折叠单元元胞结构示意图;(b) 基于楔形空间折叠结构的水下少层单元;(c) 具有不同功能层的少层单元透射谱;(d) 具有不同功能层的少层单元等效折射率

表 6.7　8 个单元功能层及辅助层元胞几何参数及等效声学参数

元胞	d_3/mm	M_3	l_3/mm	w_3/mm	Z_3	N_3
U_1 功能层	15	8	22.5	5.5	15.31	2.95
U_2 功能层	15	8	20.5	5.5	14.04	2.70
U_3 功能层	15	8	18.4	5.0	14.11	2.48
U_4 功能层	20	6	20.5	4.5	13.85	2.20
U_5 功能层	24	5	21.0	4.0	13.96	1.99
U_6 功能层	30	4	20.5	3.2	14.83	1.72
U_7 功能层	40	3	21.0	2.8	14.64	1.50
U_8 功能层	60	2	19.5	2.3	14.73	1.27
元胞	d_1/mm	M_1	l_1/mm	w_1/mm	Z_1	N_1
外辅助层	15	3.5	7.0	16.0	2.08	1.12
元胞	d_2/mm	M_2	l_2/mm	w_2/mm	Z_2	N_2
内辅助层	15	2	15.0	7.7	7.31	1.94

图 6.59(c)和(d)分别为基于有限元仿真的楔形空间折叠结构少层单元的透射谱和等效折射率。单元 U_1 至 U_8 在 5～7.5 kHz 的宽频带内能量透射率高于 90%。8 个单元的等效折射率覆盖了 1.35～2.15,并且等效折射率随频率变化不大。因此这些单元可以作为水下宽带声学超表面的构建单元以实现稳定的水声操控。另外,虽然夹层结构单元构型在等效属性设计上具有多频带性,但由于楔形空间折叠元胞在频率升高时色散性逐渐增大,部分单元在 7.5 kHz 以上频段时其等效声学属性相比于设计属性偏差较大。因此这些单元仅在基频频带具有稳定的操控效果。

2. 基于楔形空间折叠结构的水下宽带声波操控

在水下利用楔形空间折叠结构少层单元来构建具有恒定折射率梯度的超表面以实现宽带声波偏转。超表面由如图 6.60 所示的 8 种共 32 个楔形空间折叠结构少层单元构成,单元的等效折射率由左向右依次递减,最左侧为高折射率的单元 U_1,最右侧为低折射率的单元 U_8。折射率梯度满足为 $\mathrm{d}N_e(x)/\mathrm{d}x = -0.98\ \mathrm{m}^{-1}$ 且厚度为 $L=285$ mm。由式(4.1)可以预测该超表面对正入射平

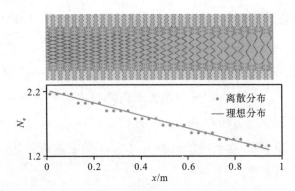

图 6.60 上方图为基于楔形空间折叠结构少层单元的宽带声波偏转超
表面,下方图为单元的等效折射率分布

面波的偏转角约为 $16°$。

图 6.61(a)~(f)分别为宽带偏转超表面在 $4.5~7$ kHz 正入射平面波激励

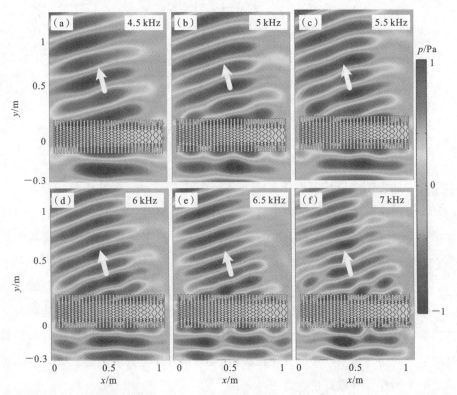

图 6.61 (a)~(f)宽带偏转超表面在 4.5 kHz、5 kHz、5.5 kHz、6 kHz、6.5 kHz 以及 7
kHz 正入射平面波激励下的仿真声压场

下的仿真声压场,可以看到在各频率下透射声波均得到了有效的偏转,正入射声波被成功地偏转至由白色箭头标注的设计方向,透射声波保持了较平整的平面波前且具有较高的透射幅值。

图 6.62 给出了 4.5~7 kHz 频率范围内透射声场的远场声压级。在各个频率下透射波束的主瓣方向均位于 106°方向上,与超表面的设计偏转角相同。透射波束的瓣宽度较窄,远场声压级在 99°和 111°处衰减约 3 dB,主瓣远场声压级高于旁瓣 10 dB 以上。

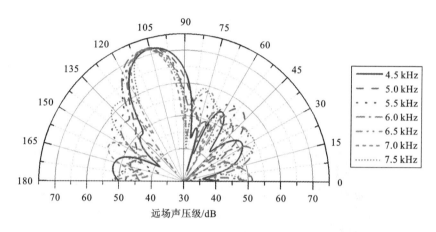

图 6.62 异常折射超表面透射波束在 4.5~7 kHz 频率范围内的远场声压级

也基于楔形空间折叠结构少层单元构建了水下超表面透镜,以实现宽带水声聚焦。超表面理论折射率分布 $N_e(x)$ 可由式(4.5)给出,其中单元厚度 $L=285$ mm,超表面中心位置折射率为 $N_0=2.17$,设计焦距 $F=0.9$ m。图 6.63 展示了由 24 个楔形空间折叠结构的少层单元组成的宽带聚焦超表面及其折射率,可以发现超表面的折射率呈对称拱形分布。

为验证所设计超表面透镜的宽带聚焦效果,通过数值仿真计算了超表面 4.5~7 kHz 频带范围内的聚焦声场幅值分布。图 6.64(a)~(f)分别是宽带聚焦超表面在 4.5 kHz、5 kHz、5.5 kHz、6 kHz、6.5 kHz 以及 7 kHz 正入射平面波激励下的仿真结果。可以发现在各频率下,超表面上方的透射区域均产生明显的声聚焦现象且焦点位置较为一致。

3. 阻抗匹配五模材料单元

前文提出了一种由相位调控功能层和阻抗过渡辅助层组成的具有宽带高

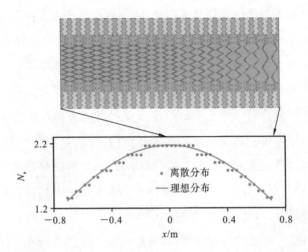

图 6.63　上方图为基于楔形空间折叠结构少层单元的宽带声波聚焦超表面,下方图为单元的等效折射率分布

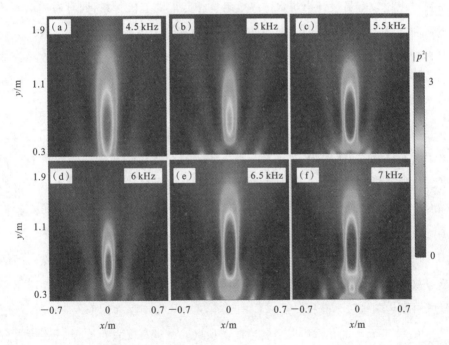

图 6.64　(a)~(f) 宽带聚焦超表面在 4.5 kHz、5 kHz、5.5 kHz、6 kHz、6.5 kHz 以及 7 kHz 正入射平面波激励下的仿真结果

透射率和弱色散折射率的夹层单元构型,分别在空气中和水下基于迷宫结构和楔形空间折叠结构构造了少层宽带单元并实现了基于超表面的宽带声波操控。但附加辅助层的设计策略不可避免地增加了单元的整体厚度。在空气中由于迷宫结构固体壁厚较薄,空间利用率高,高折射率的特性使迷宫结构少层单元的厚度仅为工作波长的一半左右。在水下楔形空间折叠结构为了维持弱色散的等效声学属性采用了比较厚重的楔形齿结构,空间利用率不高,等效折射率较低。在引入为了改善结构阻抗失配的辅助层后,单元整体厚度与工作波长相近,因此这种设计不具有轻薄性。在强调水下超表面轻薄化设计而弱化超表面水深应用条件时,可以使用五模材料设计水下宽带声学超表面。

五模材料是一类特殊的固体结构,理想五模材料弹性矩阵中仅有一个非零特征值,其剪切模量为零,可以认为是一种退化为流体状态的弹性介质。实际通过合理设计微结构单元可以构造出剪切模量极小的准五模材料。利用金属材料可以比较容易设计出与水体等效阻抗相匹配的五模材料,同时通过对固体材料和微结构几何尺寸的调节可以比较便利地调节五模材料等效系数。五模材料的等效属性不依赖于谐振机制,具有宽带特性,适用于水下声波或弹性波的操控。例如:Su 等基于铝基五模材料设计了梯度折射率透镜,实现了 20~40 kHz 的宽带水声操控。

本节中,利用五模材料构建水下超表面以实现宽带水声操控。首先通过调整铝基和铁基六边形结构设计了一组等效阻抗与水体相匹配而等效折射率梯度变化的五模材料单元。利用这些宽带阻抗匹配单元,设计了用于水下弯波的梯度折射率超表面和用于声波聚焦和准直的超表面透镜,并基于数值仿真验证了五模材料单元的宽带水声操控效果。

在声波波长远大于结构特征尺寸时,五模材料的等效声学参数可以由准静态参数描述,即等效密度近似于单胞面积(体积)上的平均密度,而等效体积模量可由结构频散关系获得。所采用的五模材料几何构型如图 6.65(a)所示,边长为 $L_1=10$ mm 的正六边形金属边框在顶点处通过宽度为 b_1 的连杆连接六个配重块,结构内部填充空气。图 6.65(b)给出了单元的能带结构图,其中纵波模式和横波模式的频散关系分别由点画线和实线给出。从两条曲线在 Γ 点处的斜率可以验证结构的等效剪切模量远低于结构的等效体积模量。由纵波模式的频散曲线可以得到单元的等效声速进而得到单元的等效体积模量,在低频带内纵波模式具有非色散性,等效体积模量主要由结构的材料属性和几何形状决定。

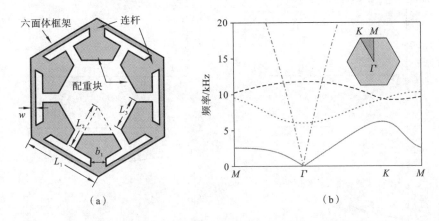

图 6.65 （a）五模材料单元结构示意图;（b）五模材料能带结构图

采用的几何构型特点是对于五模材料的等效密度和等效体积模量分别由两个设计变量进行分级调节,从而放宽对尺寸精度的要求。具体来说,材料的等效体积模量可以由金属边框厚度 w 和连杆宽度 b_1 进行调节,如图 6.66(a)和(b)所示,其中等效密度 ρ 和等效体积模量 B 均为对水参数的归一化值。增加金属边框厚度或增大连杆宽度均可显著调节单元等效体积模量,但边框厚度的改变需要更精细的加工精度。因此,需先大致确定边框厚度,再调节连杆宽度,从而得到需要的体积模量。等效密度可以主要通过调节质量块大小进行控制,如图 6.66(c)、(d)所示。质量块形状设置为锥形以便最大限度地利用六边形结构内部空间,提高等效质量的调节上限。在通过边长 L_2 基本确定质量块大小后进一步在锥形顶点切掉边长为 L_3 的等边三角形以获得需要的等效密度。

通过调节单元的等效体积模量使其满足 $B=Z/N$,然后调整单元的等效密度使其满足 $\rho=ZN$ 即可设计出所需等效阻抗为 Z 和等效折射率为 N 的五模材料单元。最终设计出 8 种等效阻抗与水体相近,等效折射率梯度增大的五模材料单元,单元的详细几何参数和等效声学参数由表 6.8 给出,其等效折射率和等效阻抗随频率的变化关系如图 6.67 所示。其中框架厚度精度为 0.1 mm,其他结构参数精度仅为 0.5 mm,在放宽结构参数精度限制时,可以更进一步优化单元的阻抗。单元 W_1 和 W_2 的等效折射率较低,材质为铝,材料参数为铝密度

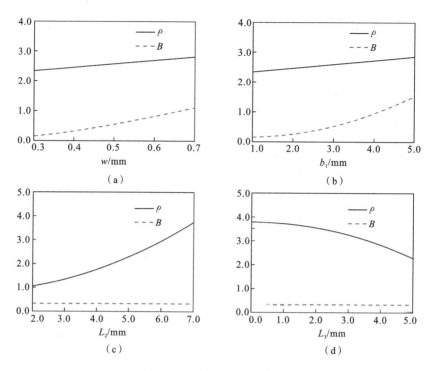

图 6.66　五模材料单元等效参数随单元几何尺寸参数的变化规律

表 6.8　8 种五模材料单元几何参数及等效声学参数

单元	材质	w/mm	b_1/mm	L_2/mm	L_3/mm	Z_3	N_3
W_1	铝	1.0	2.0	3.0	1.5	1.04	0.83
W_2	铝	0.7	2.0	6.5	1.5	1.02	1.40
W_3	钢	0.4	2.0	4.5	0.5	1.10	1.97
W_4	钢	0.3	2.5	5.5	2.0	0.98	2.55
W_5	钢	0.4	1.0	6.5	2.0	1.01	3.11
W_6	钢	0.3	2.0	7.0	0.5	1.03	3.67
W_7	钢	0.3	1.5	7.0	1.0	0.87	4.23
W_8	钢	0.3	1.5	8.0	0.0	0.98	4.76

$\rho_{Al}=2700\ kg/m^3$，铝杨氏模量为 $E_{Al}=70\ GPa$，铝泊松比为 $\upsilon_{Al}=0.33$。其他单元材质为钢，材料参数为钢密度 $\rho_i=7870\ kg/m^3$，钢杨氏模量为 $E_i=200\ GPa$，钢泊松比为 $\upsilon_i=0.29$。其他材料参数为水密度 $\rho_w=998\ kg/m^3$，水声速 $c_w=$

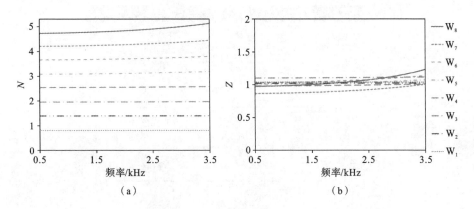

图 6.67　8 种五模材料单元的(a)等效折射率和(b)等效阻抗随频率的变化关系

1485 m/s,空气密度 $\rho_a = 1.225$ kg/m³,空气声速 $c_a = 343$ m/s。

结合有限元仿真和超材料声学参数反演方法,计算了单元在 0.5～3.5 kHz 频段内的等效折射率和等效阻抗,与设计等效参数基本一致。8 个单元的等效折射率依次增大,相邻单元折射率差约为 0.57。单元的等效阻抗与水体宽带匹配,可以获得较高的透射率。这些单元宽带匹配的阻抗和无色散的梯度变化折射率非常适合构建宽带声学超表面。由于单元自身的阻抗与水体匹配,无需额外的辅助层设计,同时单元的等效折射率相对较大,可以构建较为轻薄的超表面。值得注意的是,随着频率的增大,部分高折射单元会出现等效属性的色散,可能对超表面的高频操控产生不利影响。

4. 五模材料宽带水声超表面

利用上述阻抗匹配五模材料单元构建水声超表面以实现宽带声波操控,首先构建具有恒定折射率梯度的超表面以实现宽带异常折射。异常折射超表面结构如图 6.68(a)所示,8 种单元依次排列,每种单元横向 10 列、纵向 4 层阵列,最终 320 个五模材料单元构成了宽 1.4 m、厚 0.08 m 的超表面。超表面的等效折射率分布如图 6.68(b)所示,等效折射率由左向右依次递减。折射率梯度满足为 $dN_e(x)/dx = -3.28$ m⁻¹。由式(4.1)可以预测该超表面对正入射平面波的偏转角约为 15.2°。

图 6.69(a)～(f)分别为异常折射超表面在 1.5～6 kHz 正入射平面波激励下的仿真声压场。可以看到在各频率下透射声波均得到了有效的偏转,出射波

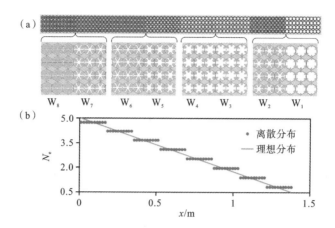

图 6.68 （a）基于阻抗匹配五模材料的宽带异常折射超表面结构示意图；（b）超表面
　　　　设计折射率分布和实际五模材料单元折射率离散分布

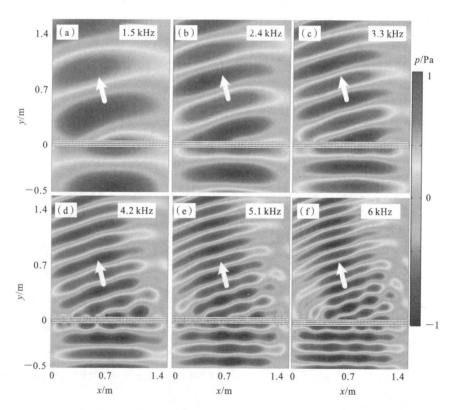

图 6.69 （a）～（f）异常折射超表面在 1.5～6 kHz 高斯平面波激励下的声压场，白色箭
　　　　头标注设计偏转方向

束波阵面较为平整,透射率极高,波束偏转方向与白色箭头标注的设计方向较为一致。在 6 kHz 时,超表面左侧局部区域产生了部分反射波,这主要是由于左侧区域的高折射率单元在此频率下等效属性产生严重色散,与单元的设计属性差别较大,阻抗失配引起透射下降。而超表面右侧主要由低折射率单元构成,等效属性更为稳定,仍然可以无反射的偏转声波。

图 6.70 给出了 1.5～6 kHz 频率范围内透射声场的远场声压级。在各个频率下透射波束均得到了偏转,在 1.5 kHz 波束主瓣偏转角不足 15°,而随着频率升高主瓣偏转角逐步稳定于设计方向。在 5.1～6 kHz 时波束主瓣偏转角略大于 15°,部分单元的等效折射率的色散性引起折射率增大,使超表面实际的折射率梯度略大于设计值,对入射波声波产生了更强的偏转效应。透射波束的主瓣宽度在高频频段相对较窄,这是由于随着频率的升高,超表面的宽度与波长比值相对增大,出射波束相对更宽,指向性更好。

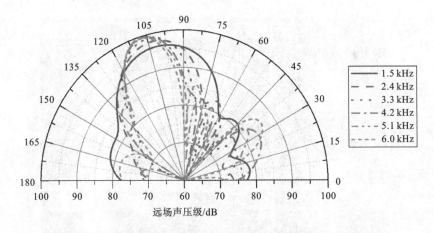

	1.5 kHz
	2.4 kHz
	3.3 kHz
	4.2 kHz
	5.1 kHz
	6.0 kHz

远场声压级/dB

图 6.70　异常折射超表面透射声压场远场声压级(100 m 处)

又基于阻抗匹配五模材料设计了水下超表面透镜,以实现宽带水声聚焦。超表面理论折射率分布 $N_e(x)$ 可由式(4.5)给出,其中单元厚度 $L=60$ mm,超表面中心位置折射率为 $N_0=3.25$,设计焦距 $F=1$ m。实际中,单元由 68 列 3 层共 204 个五模材料单元构成,呈左右对称分布,超表面透镜宽度约为 1.2 m。图 6.71 展示了超表面折射率的理想分布和五模材料单元的离散折射率分布,并给出了超表面右半部分的结构图。这里仅用了折射率相对较低的 W_1 至 W_5 五

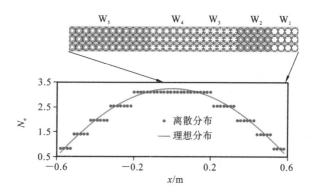

图 6.71　宽带超表面透镜部分结构及折射率分布

种单元以避免高频时单元色散性对超表面性能的不利影响。

为验证所设计超表面透镜的宽带聚焦效果,通过数值仿真计算了超表面 $3\sim6$ kHz 频带范围内的聚焦声场幅值分布,如图 $6.72(a)\sim(f)$ 所示。基于超

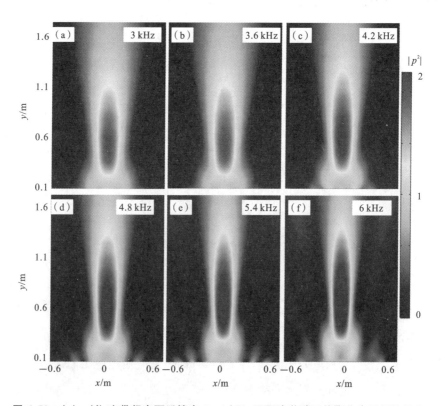

图 6.72　(a)～(f) 宽带超表面透镜在 $3\sim6$ kHz 平面波激励下的聚焦声压幅值平方

表面透镜实现了宽带的声波聚焦,在各频率下,超表面上方的透射区域均产生明显的声聚焦现象且焦点位置较为一致。

　　除了声波聚焦外,超表面透镜也能将由焦点处声源发出的柱面波准直为平面波。图 6.73 给出了超表面透镜在 3 kHz、4.5 kHz 和 6 kHz 的准直声压场,在超表面前后声波的波阵面由柱面准直为平面,由此可以增强声源在指定方向上的辐射声功率。计算了不同频率下经超表面透镜准直后的声场远场声压级,并基于未准直时柱面声源的远场声压级做了归一化处理,结果如图 6.74 所示。超表面对声源 60°～120°方位的声波进行了准直,在对应角度上远场声压级有 5～10 dB 的衰减,而在 90°方向上远场声压级有 3.6～6 dB 的提升。

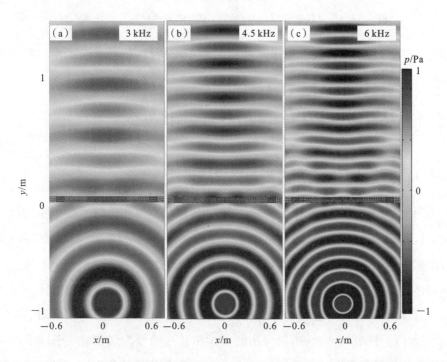

图 6.73　(a)～(c) 宽带超表面透镜在 3 kHz、4.5 kHz 和 6 kHz 时对柱面波的准直声压场

　　基于阻抗匹配五模材料设计的声学超表面在宽带范围内实现了高效的水声操控。由于单元自身的阻抗与水体匹配,无需额外的辅助层设计,同时单元的等效折射率相对较大,可以在亚波长空间内实现声波波前调控。声学超表面的厚度仅为波长的 1/5～2/5,具有轻薄化的优点。其结构设计中包含气体空腔

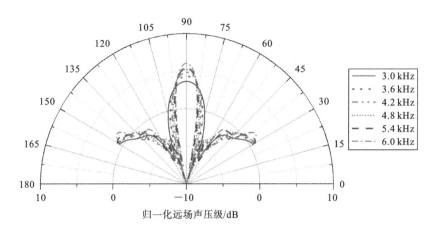

图 6.74　宽带超表面透镜对柱面波准直波束的归一化远场声压级

结构,在工程应用中需要考虑单元的密封性和耐压性,适合于浅水水域的声波操控。

6.4　水下声学拓扑绝缘体及其应用

6.4.1　水下四方晶格声学拓扑绝缘体设计

第 5 章的空气声学拓扑绝缘体,直接采用理想刚性介质构成腔-通道网格结构。这种基于理想刚性介质的结构便于结构设计,可采用等效 LC 电路得出材料的能带结构。由于大部分固体的声阻抗远大于空气,因此对空气声来说大部分固体边界可视为刚性边界。然而,对于水声而言,水的声阻抗与固体声阻抗相近,此时不得不考虑水与固体之间的流固耦合,流固耦合的引入增加了声子晶体设计的复杂度。空气中所采用的声学拓扑绝缘体构型在应用于水下时易受固体结构弯曲模态的影响,本节采用圆柱形散射体构建水下四方晶格声学拓扑绝缘体。

该水下四方晶格声学拓扑绝缘体几何结构如图 6.75 所示,图中的圆形均为直径为 d 的圆形钢柱,相邻深色钢柱之间的间距为 $a/2$,几何参数 g 表示浅色钢柱扩张(收缩)的距离。当 $g=0$ 时,浅色钢柱正好位于两深色钢柱之间,此时可以看到,钢柱之间形成了流体腔,腔与腔之间通过流体和散射体相耦合。当 g

<0 时,浅色钢柱以(0,0)和(±a/2,±a/2)为中心收缩,此时位于这些收缩中心处的空腔面积减小,而位于(±a/2,0)和(0,±a/2)的空腔面积增大,当 g>0 时情况相反。因此,该晶体内 g 的变化等效于空腔变化。为实现二重简并态以模拟赝自旋和赝自旋轨道耦合,参考紧束缚模型中能带反转的晶胞,本节选择了图 6.75 中虚线框内的具有四个流体腔的单元。该单元实际上是最小单元的两倍,但是实现四重简并的最小单元。

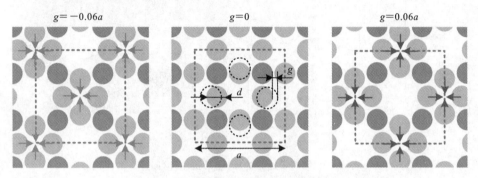

图 6.75　水下四方晶格声学拓扑绝缘体几何结构

该声子晶体的能带结构也可以通过 COMSOL Multiphysics 以数值仿真方式获得,本章选取声子晶体的几何参数 $a=4\ \mathrm{cm}, d=0.23a$,圆柱散射体材料为钢,其密度为 $7800\ \mathrm{kg/m^3}$,杨氏模量为 $210\ \mathrm{GPa}$,泊松比为 0.3。图 6.76 给出了 $g=0$ 时声子晶体的能带图。可以看到,该声子晶体在 M 点存在四重简并点。

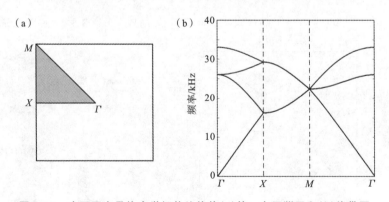

图 6.76　水下四方晶格声学拓扑绝缘体(a)第一布里渊区和(b)能带图

图 6.77 给出了 $g=0.06a$ 的声子晶体的能带图和简并点的声压分布,可以看到其能带 M 点的四重简并点被打开为两个二重简并点,并且在 $25\sim30\ \mathrm{kHz}$

之间产生了带隙。简并点的声压分布表明,频率较低的二重简并态为偶宇称双重态(表示为 d),由 s 和 d 态组成,频率较高的二重简并态为奇宇称双重态(表示为 p),由 p_x 和 p_y 态组成。

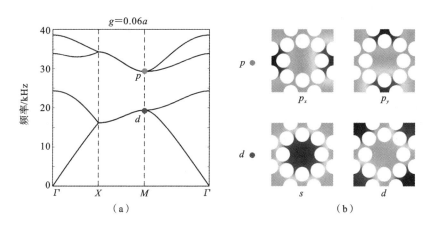

图 6.77　$g=0.06a$ 的声子晶体的(a)能带图和(b)简并点的声压分布

d 能带 p 能带反转也存在于该声子晶体中。图 6.78 给出了 $g=-0.06a$ 的声子晶体的能带图和简并点的声压分布,$g=-0.06a$ 的晶体具有与 $g=0.06a$ 的晶体完全相同的能带结构,因为两者事实上代表了相同的无限大结构。然而,简并点的声压分布表明,$g=-0.06a$ 的晶体的频率较低的二重简并态为奇宇称双重态 p,频率较高的二重简并态为偶宇称双重态 d。这说明 g 从正转负的过程中存在能带反转,声子晶体发生了拓扑相变,$g=0$ 为发生拓扑相变的点。

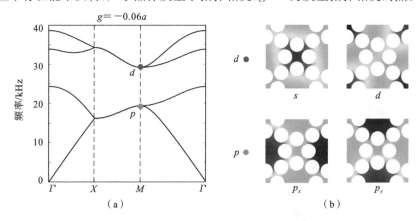

图 6.78　$g=-0.06a$ 的声子晶体的(a)能带图和(b)简并点的声压分布

6.4.2　四方晶格声学拓扑绝缘体中的拓扑边界态

$g>0$ 和 $g<0$ 的晶体之间存在能带反转,因而具有不同的拓扑相位。为验证赝自旋相关的单向传输边界态,设计了一个在 y 方向上有 4 个 $g=-0.06a$ 的单元和 4 个 $g=0.06a$ 的单元的复合超单元,超单元 x 方向的边界为周期性边界。为了对比,又设计了仅由 8 个 $g=0.06a$ 的单胞构成的简单超单元。在 COMSOL Multiphysics 中构建了这两个超单元的有限元模型,并采用其声学模块中的本征频率求解器计算超单元在带隙附近的能带结构。

简单超单元和复合超单元的能带图分别如图 6.79(a)和(b)所示,从图中可以看出,简单超单元在 25 kHz 到 30 kHz 之间不存在本征模态,该频段与能带结构中的带隙相符合。复合超单元在带隙中出现了体模态之外的其他模态(红色点线所示),其能带由无能隙的两条能带组成,这与紧束缚模型中的结果相似。图 6.80 给出了 22.9 kHz 和 23.6 kHz 下边界态的声压分布(在图 6.79 中标记为 A/B 和 C/D),可以看到带隙内的模态其声压被限制在界面处,并在晶体内逐渐衰减。这说明带隙内的模态为存在于两晶体之间的边界态。

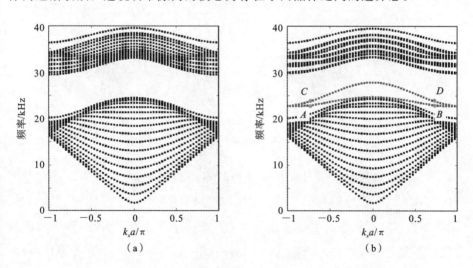

图 6.79　(a)简单超单元和(b)复合超单元的能带图(彩图见书末插页)

进一步研究边界处的声能流可以发现,边界处的声强(图 6.81 中黑色箭头)呈现逆时针(顺时针)状态,对应赝自旋向上(赝自旋向下)。以 A 点和 B 点

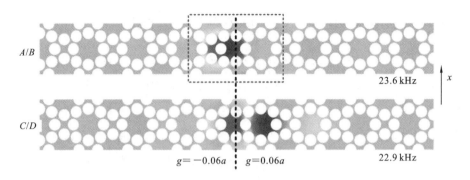

图 6.80　复合超单元中拓扑边界态声压分布

为例,A 点赝自旋向上,其对应的动量为负,B 点赝自旋向下,其对应的动量为正,因此边界态的动量与声波的赝自旋锁定。

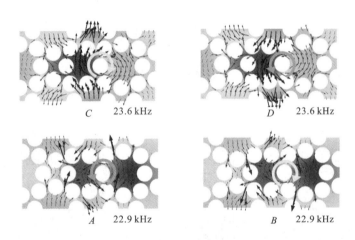

图 6.81　拓扑边界态声压与声强(箭头)分布

为了验证边界态的赝自旋相关单向传输,构造了一个包含 19×4 个 $g=-0.06a$ 的晶格(黄色)和 $g=0.06a$ 晶格(蓝色)的有限大声子晶体板,如图 6.82(a)顶部所示。在晶格的中心放置一个赝自旋向上的点源,点源的频率为较为靠近边界态狄拉克点的 24 kHz 和 26 kHz(如图 6.79 所示,在该声子晶体中,边界态狄拉克点位于体能带中,验证时应选取高于体能带的频率)。点源激发的声波在声子晶体内的传播如图 6.82(a)的中部和底部所示。

可以看到点源激发的声波局限在两种声子晶体的边界附近并在声子晶体

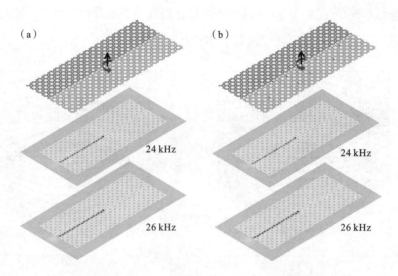

图 6.82 拓扑保护的单向声传输,赝自旋向上的点源位于结构的中心,(a)
为无缺陷波导,(b)为引入位错缺陷后的板(彩图见书末插页)

内部迅速衰减,这表明声子晶体内部是绝缘的。另外,赝自旋向上的点源激发
的声波只能在$-x$方向传播,而不能在$+x$方向传播。这证实了边界态的赝自
旋相关单向传输。需要指出的是,通过将声源移动到横向相邻的腔中,赝自旋
向上的点源激发的声波的传播方向将转向$+x$方向,这可以通过交界面的滑移
对称性 $G_x:=(x,y)\rightarrow(x+a/2,-y)$ 来解释。这种自旋相关的声边界态具有鲁
棒性,通过将一些钢柱的位置向 x 方向移动 $0.12a$ 从而引入缺陷,这些缺陷可
视为加工误差,在图 6.82(b)中用红点标记。图 6.82(b)中给出的声波传播路
径依然沿着$+x$方向,$-x$方向仅有微量散射波。该结果表明,尽管晶体的内部
和边界存在缺陷掺杂,声波仍然可以保持仅有极少背向散射的单向传输。

　　不同于声子晶体中的线缺陷态,这种两晶体之间的边界态与晶体拓扑性质
有关,仅在拓扑相位不同的两晶体之间才能观察到拓扑边界态。构造了由 4 个
$g=0.06a$ 的单胞和 4 个 $g=0.04a$ 的单胞组成的平凡复合超单元和由 4 个 $g=$
$-0.06a$ 的单胞和 4 个 $g=0.06a$ 的单胞组成的奇异复合超单元对该结论进行
验证。简单复合超单元中两种晶体几何不同,但拓扑性质相同,奇异复合超单
元中两种晶体几何不同,拓扑性质也不同。

　　图 6.83 给出了两种超单元的能带图,可以看到带隙中的边界态存在于奇

异复合超单元中(见图 6.84),而在简单复合超单元中不存在界面态。这说明该边界态有别于线缺陷态,其产生与晶体拓扑性质有关。

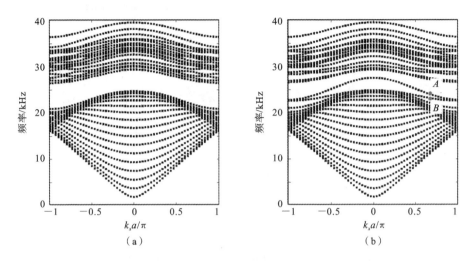

图 6.83 (a)平凡复合超单元和(b)奇异复合超单元能带图

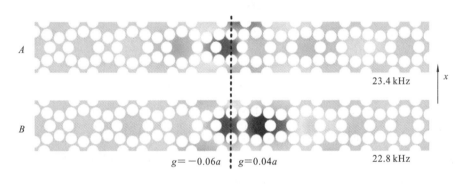

图 6.84 奇异复合超单元中拓扑边界态声压分布

6.4.3 基于四方晶格声学拓扑绝缘体的水下声波定向发射

类似 4.4 节中的讨论,如果声学拓扑绝缘体器件足够薄,原本被限制在界面附近的声波将能够逃逸并引起辐射。在定向发射应用中,选择 $a=4\text{ cm}$,$d=0.245a$,$g=\pm0.06a$ 的拓扑绝缘体,$g=\pm0.06a$ 的两种材料具有不同的拓扑相位,两种材料之间存在边界态。该边界态通过 4.5 节介绍的有限元法求解,其边界态能带如图 6.85 中红色虚线所示。该拓扑绝缘体存在从 22 kHz

到 30 kHz 的带隙,两种拓扑性质不同的单元的边界存在从 22 kHz 到 25 kHz 的边界态能带。

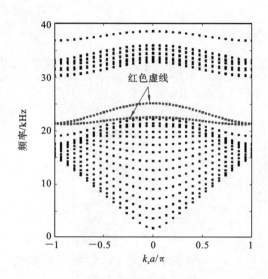

图 6.85　$a=4$ cm,$d=0.245a$,$g=\pm0.06a$ 的拓扑绝缘体之间的边界态(红色虚线)

构造了具有 $30\times(3+n)$ 个单元的不同声子晶体板,其中"3"是位于下方的 $g=-0.06a$ 单元的层数,"n"是位于上方的 $g=0.06a$ 单元的层数。然后在两种声子晶体的交界面中点放置一个在圆周上具有均匀分布的归一化速度的小尺寸圆形源,圆形源的半径为 $r_s=a/60$,远小于工作频率的波长,因此该源可视为单极点源。考虑频率为 25.13 kHz 的点源激发的辐射,该频率位于 $k_x=0$ 的边界态能带的顶点附近。

$n=3$、2 和 1 的声子晶体板在该点源激励下的归一化声压分布如图 6.86 所示。对于 $n=3$ 的板,可以看到在两种晶体的交界处出现了较大的声压值,而声子晶体内部声压几乎为零,这说明在两种拓扑性质不同的声子晶体之间确实存在边界态,与图 6.85 所示能带图结果相符合。此外,还可以看到被束缚在界面附近的声波大部分沿着边界从 x 方向传导而出,仅有极微弱的声波从板的 y 方向逸出。对于 $n=2$ 和 $n=1$ 的板,在两种拓扑性质不同的声子晶体之间仍然能观察到较强的声压,然而此时位于上方的声子晶体板变薄,此时声子晶体无法将边界态声压与外部流体有效隔离,因此在板的上侧存在明显的声波逃逸。逃逸声波构成了向上的声波辐射,并且辐射声波压力的幅度随着 n 的减小而

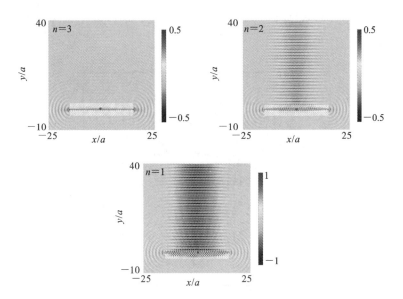

图 6.86 $n=3$、2 和 1 的声子晶体板在 25.13 kHz 点源激励下的声压分布

增大。

图 6.87 给出了这三种结构的声强分布,图示结果证实了声能集中在两种拓扑性质不同的声子晶体的界面附近并且在边界处沿着 x 方向传播,三种结构在 y 方向的辐射能量随着 n 的减小而增加。对于 $n=2$ 和 $n=1$ 的结构,其辐射声波垂直于板射出,声波的等相位面几乎平行于声子晶体版。$n=1$ 的结构辐射能量明显大于其他结构,其远场声强分布如图 6.88 所示,可以看出其辐射波束在传播方向上的衰减很慢,波束宽度随传播距离的变化也非常小,表现出很好的指向性。从边界态能带图可以看出 25.13 kHz 的边界态对应的波矢为 $k_x=0$,因此发射角为 0°(发射方向垂直于平板)。与第 2 章所提到的二维零折射率

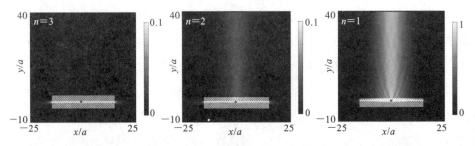

图 6.87 $n=3$、2 和 1 的声子晶体板在 25.13 kHz 点源激励下的近场声强分布

材料相比较可以发现,这种拓扑边界可视为一维零密度材料。不同于利用二维材料中的体态实现定向发射,这种利用一维边界态的设计在实现定向发射时所需要的体积更小,这不仅更利于实际应用,也能有效减小声波在大体积结构中传播时造成的损耗,并且能够很容易地实现单向发射。

$n=1$ 的结构的远场辐射声强随角度的变化绘制在图 6.89 中,其中所有声强都以点源在自由空间的远场辐射声强归一化。从图中可以看到 25.13 kHz 下点源激励的声子晶体板的远场辐射的半能量角宽度为 3.4°,表现出极好的指向性。此外,从图中还可以看出有 $n=1$ 的结构的远场辐射声强是无结构时远场辐射声强的 46 000 倍。这种辐射能量的增加不仅源于指向性的增强,也与声源和平板边界态之间的耦合有关。

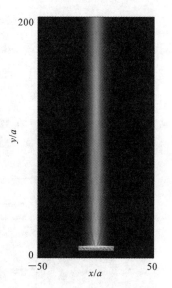

图 6.88 $n=1$ 的声子晶体板在 25.13 kHz 点源激励下的远场声强分布

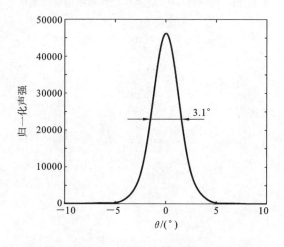

图 6.89 $n=1$ 的声子晶体板在 25.13 kHz 点源激励下远场辐射声强随角度的变化

声源的声辐射阻抗随频率的变化如图 6.90 所示。声辐射阻抗 Z 是声源表面上的声压与声源振速之比,其实部 $\mathrm{Re}(Z)$ 表征声源的辐射性能(辐射阻),

$\mathrm{Re}(Z)/|Z|$ 表征声源的辐射效率。与点源在自由空间的辐射阻抗相比（25.13 kHz 时 $Z/\rho_0 c_0 = 0.11 + 0.19i$），在 $n=1$ 的声子晶体板中的点源表现出 $52.6\rho_0 c_0$（25.13 kHz）的高辐射阻。此外可以看到在高辐射阻对应的频率点源的声辐射阻抗 Z 的虚部变为零，因而波导中的点源在拥有更强辐射性能的同时可以获得高达 100% 的辐射效率。在 25.13 kHz 时，辐射阻抗的增大和指向性的提高使得远场声强得到大幅提高。

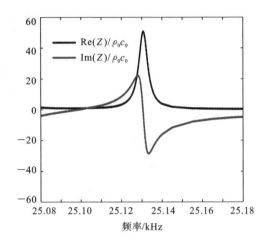

图 6.90　点源在 $n=1$ 的声子晶体板中的辐射阻抗

参考文献

[1] BRUNET T, LENG J, MONDAIN-MONVAL O. Soft acoustic metamaterials[J]. Science, 2013, 342(6156): 323-324.

[2] VESELAGO V G. The electrodynamics of substances with simultaneously negative values of ε and μ[J]. Physics-Uspekhi, 1968, 10(4): 509-514.

[3] PENDRY J B, HOLDEN A J, STEWART W J, et al. Extremely low frequency plasmons in metallic mesostructures[J]. Physical Review Letters, 1996, 76(25): 4773.

[4] PENDRY J B, HOLDEN A J, ROBBINS D J, et al. Magnetism from conductors and enhanced nonlinear phenomena[J]. IEEE Transactions on Microwave Theory and Techniques, 1999, 47(11): 2075-2084.

[5] SMITH D R, PADILLA W J, VIER D C, et al. Composite medium with simultaneously negative permeability and permittivity[J]. Physical Review Letters, 2000, 84(18): 4184.

[6] SHELBY R A, SMITH D R, SCHULTZ S. Experimental verification of a negative index of refraction[J]. Science, 2001, 292(5514): 77-79.

[7] VALENTINE J, ZHANG S, ZENTGRAF T, et al. Three-dimensional optical metamaterial with a negative refractive index[J]. Nature, 2008, 455(7211): 376-379.

[8] YAO J Y, LIU Z, LIU Y, et al. Optical negative refraction in bulk metamaterials of nanowires[J]. Science, 2008, 321(5891): 930-930.

[9] LEE D, NGUYEN D M, RHO J. Acoustic wave science realized by metamaterials[J]. Nano Convergence, 2017, 4(1): 3.

[10] LIU Z Y, ZHANG X, MAO Y, et al. Locally resonant sonic materials [J]. Science. 2000, 289(5485):1734-1736.

[11] LIU Z Y, CHAN C T, SHENG P. Analytic model of phononic crystals with local resonances[J]. Physical Review B, 2005, 71(1): 014103.

[12] YANG Z, MEI J, YANG M, et al. Membrane-type acoustic metamaterial with negative dynamic mass[J]. Physical Review Letters, 2008, 101 (20): 204301.

[13] FANG N, XI D J, XU J Y, et al. Ultrasonic metamaterials with negative modulus[J]. Nature Materials, 2006, 5(6): 452-456.

[14] LI J, CHAN C. Double-negative acoustic metamaterial[J]. Physical Review E, 2004, 70(5): 055602.

[15] LEE S H, PARK C M, SEO Y M, et al. Composite acoustic medium with simultaneously negative density and modulus[J]. Physical Review Letters, 2010, 104(5): 054301.

[16] BONGARD F, LISSEK H, MOSIG J R. Acoustic transmission line metamaterial with negative/zero/positive refractive index[J]. Physical Review B, 2010, 82(9): 094306.

[17] LIANG Z, LI J. Extreme acoustic metamaterial by coiling up space[J]. Physical Review Letters, 2012, 108(11): 114301.

[18] LIANG Z, FENG T, LOK S, et al. Space-coiling metamaterials with double negativity and conical dispersion[J]. Scientific Reports, 2013, 3: 1614.

[19] XIE Y, POPA B I, ZIGONEANU L, et al. Measurement of a broadband negative index with space-coiling acoustic metamaterials[J]. Physical Review Letters, 2013, 110(17): 175501.

[20] FRENZEL T, DAVUD BREHM J, BÜCKMANN T, et al. Three-dimensional labyrinthine acoustic metamaterials[J]. Applied Physics Letters, 2013, 103(6): 061907.

[21] MAURYA S K, PANDEY A, SHUKLA S, et al. Double negativity in

3D space coiling metamaterials[J]. Scientific Reports, 2016, 6: 33683.

[22] FU X, LI G, LU M, et al. A 3D space coiling metamaterial with isotropic negative acoustic properties[J]. Applied Physics Letters, 2017, 111(25): 251904.

[23] PENDRY J B. Negative refraction makes a perfect lens[J]. Physical Review Letters, 2000, 85(18): 3966.

[24] TONG S, REN C, TANG W. High-transmission negative refraction in the gradient space-coiling metamaterials[J]. Applied Physics Letters, 2019, 114(20): 204101.

[25] FARHAT M, GUENNEAU S, ENOCH S, et al. Negative refraction, surface modes, and superlensing effect via homogenization near resonances for a finite array of split-ring resonators[J]. Physical Review E, 2009, 80(4): 046309.

[26] ZHANG S, YIN L, FANG N. Focusing ultrasound with an acoustic metamaterial network[J]. Physical Review Letters, 2009, 102(19): 194301.

[27] FLEURY R, ALÙ A. Extraordinary sound transmission through density-near-zero ultranarrow channels[J]. Physical Review Letters, 2013, 111(5): 055501.

[28] WEI Q, CHENG Y, LIU X. Acoustic total transmission and total reflection in zero-index metamaterials with defects. Applied Physics Letters, 2013, 102(17): 174104.

[29] PARK J J, LEE K J B, WRIGHE O B, et al. Giant acoustic concentration by extraordinary transmission in zero-mass metamaterials[J]. Physical Review Letters, 2013, 110(24): 244302.

[30] ZHANG T, CHENG Y, YUAN B, et al. Compact transformable acoustic logic gates for broadband complex Boolean operations based on density-near-zero metamaterials[J]. Applied Physics Letters, 2016, 108(18): 183508.

[31] GU Y, CHENG Y, WANG J, et al. Controlling sound transmission

with density-near-zero acoustic membrane network[J]. Journal of Applied Physics, 2015, 118(2): 024505.

[32] DUBOIS M, SHI C, ZHU X, et al. Observation of acoustic Dirac-like cone and double zero refractive index [J]. Nature Communications, 2017, 8(1): 1-6.

[33] GRACIÁ-SALGADO R, GARCÍA-CHOCANO V M, TORRENT D, et al. Negative mass density and ρ-near-zero quasi-two-dimensional metamaterials: Design and applications[J]. Physical Review B, 2013, 88 (22): 224305.

[34] XIA B, DAI H, YU D. Symmetry-broken metamaterial for blocking, cloaking, and supertunneling of sound in a subwavelength scale[J]. Applied Physics Letters, 2016, 108(25): 251902.

[35] POPA B I, CUMMER S A. Design and characterization of broadband acoustic composite metamaterials [J]. Physical Review B, 2009, 80 (17): 174303.

[36] ZIGONEANU L, POPA B I, CUMMER S A. Design and measurements of a broadband two-dimensional acoustic lens[J]. Physical Review B, 2011, 84(2): 024305.

[37] POPA B I, ZIGONEANU L, CUMMER S A. Experimental acoustic ground cloak in air[J]. Physical Review Letters, 2011, 106(25): 253901.

[38] PARK C M, LEE S H. An acoustic lens built with a low dispersion metamaterial[J]. Journal of Applied Physics, 2015, 117(3): 03490.

[39] SONG G Y, HUANG B, DONG H Y, et al. Broadband focusing acoustic lens based on fractal metamaterials[J]. Scientific Reports, 2016, 6: 35929.

[40] EBBESEN T W, LEZEC H J, GHAEMI H F, et al. Extraordinary optical transmission through sub-wavelength hole arrays[J]. Nature, 1998, 391(6668): 667-669.

[41] LIU F, CAI F, DING Y, et al. Tunable transmission spectra of acoustic

waves through double phononic crystal slabs[J]. Applied Physics Letters, 2008, 92(10): 103504.

[42] HE Z, JIA H, QIU C, et al. Acoustic transmission enhancement through a periodically structured stiff plate without any opening[J]. Physical Review Letters, 2010, 105(7): 074301.

[43] CHRISTENSEN J, FERNANDEZ-DOMINGUEZ A L, DE LEON-PEREZ, et al. Collimation of sound assisted by acoustic surface waves[J]. Nature Physics, 2007, 3(12): 851-852.

[44] ZHOU Y, LU M H, FENG L, et al. Acoustic surface evanescent wave and its dominant contribution to extraordinary acoustic transmission and collimation of sound[J]. Physical Review Letters, 2010, 104(16): 164301.

[45] PENG S, QIU C, HE Z, et al. Extraordinary acoustic shielding by a monolayer of periodical polymethyl methacrylate cylinders immersed in water[J]. Journal of Applied Physics, 2011, 110(1): 014509.

[46] SUN H, ZHANG S, SHUI X. A tunable acoustic diode made by a metal plate with periodical structure[J]. Applied Physics Letters, 2012, 100 (10): 103507.

[47] LI C, KE M, YE Y, et al. Broadband asymmetric acoustic transmission by a plate with quasi-periodic surface ridges[J]. Applied Physics Letters, 2014, 105(2): 023511.

[48] JIA H, KE M, LI C, et al. Unidirectional transmission of acoustic waves based on asymmetric excitation of lamb waves[J]. Applied Physics Letters, 2013, 102(15): 153508.

[49] LI Y, B. M. Assouar. Acoustic metasurface-based perfect absorber with deep subwavelength thickness[J]. Applied Physics Letters, 2016, 108 (6): 063502.

[50] MA G C, YANG M, XIAO S, et al. Acoustic metasurface with hybrid resonances. Nature Materials, 2014, 13(9): 873-878.

[51] JIMÉNEZ N, HUANG W, ROMERO-GARCÍA V, et al. Ultra-thin

metamaterial for perfect and quasi-omnidirectional sound absorption[J]. Applied Physics Letters, 2016, 109(12): 121902.

[52] SHEN C, CUMMER S A. Harnessing multiple internal reflections to design highly absorptive acoustic metasurfaces[J]. Physical Review Applied, 2018, 9(5): 054009.

[53] WANG X, FANG X, MAO D, et al. Extremely asymmetrical acoustic metasurface mirror at the exceptional point[J]. Physical Review Letters, 2019, 123(21): 214302.

[54] YU N F, GENEVET P, KATS M A, et al. Light propagation with phase discontinuities: Generalized laws of reflection and refraction[J]. Science, 2011, 334(6054): 333-337.

[55] NI X, WONG Z, MREJEN M, et al. An ultrathin invisibility skin cloak for visible light[J]. Science, 2015, 349(6254): 1310-1314.

[56] ZHENG G, MÜHLENBERND H, KENNEY M, et al. Metasurface holograms reaching 80% efficiency[J]. Nature Nanotechnology, 2015, 10(4): 308-312.

[57] NI X, KILDISHEV A V, SHALAEV V M. Metasurface holograms for visible light[J]. Nature Communications, 2013, 4(1): 1-6.

[58] LI Y, JIANG X, LI R, LIANG B, et al. Experimental realization of full control of reflected waves with subwavelength acoustic metasurfaces[J]. Physical Review Applied, 2014, 2(6): 064002.

[59] ZHAO J, LI B, CHEN Z, et al. Redirection of sound waves using acoustic metasurface[J]. Applied Physics Letters, 2013, 103(15): 151604.

[60] DING C L, CHEN H, ZHAI S, et al. The anomalous manipulation of acoustic waves based on planar metasurface with split hollow sphere[J]. Journal of Physics D: Applied Physics, 2015, 48(4): 045303.

[61] DING C L, ZHAO X, CHEN H, et al. Reflected wavefronts modulation with acoustic metasurface based on double-split hollow sphere[J]. Applied Physics A, 2015, 120(2): 487-493.

[62] ZHU Y F, FAN X, LIANG B, et al. Ultrathin acoustic metasurface-based Schroeder diffuser[J]. Physical Review X, 2017, 7(2): 021034.

[63] ZHU Y F, HU J, FAN X, et al. Fine manipulation of sound via lossy metamaterials with independent and arbitrary reflection amplitude and phase[J]. Nature Communications, 2018, 9(1): 1-9.

[64] ZHU Y F, ZOU X, LI Ri, et al. Dispersionless manipulation of reflected acoustic wavefront by subwavelength corrugated surface[J]. Scientific Reports, 2015, 5: 10966.

[65] ZHU Y F, FAN X, LIANG B, et al. Multi-frequency acoustic metasurface for extraordinary reflection and sound focusing[J]. AIP Advances, 2016, 6(12): 121702.

[66] ZHU Y F, ZOU X, LIANG B, et al. Acoustic one-way open tunnel by using metasurface[J]. Applied Physics Letters, 2015, 107(11): 113501.

[67] ZHU Y F, GU Z, LIANG B, et al. Asymmetric sound transmission in a passive non-blocking structure with multiple ports[J]. Applied Physics Letters, 2016, 109(10): 103504.

[68] YANG Y, WANG H, YU F, et al. A metasurface carpet cloak for electromagnetic, acoustic and water waves[J]. Scientific Reports, 2016, 6: 20219.

[69] FAURE C, RICHOUX O, FÉLIX S, et al. Experiments on metasurface carpet cloaking for audible acoustics[J]. Applied Physics Letters, 2016, 108(6): 064103.

[70] ESFAHLANI H, KARKAR S, LISSEK H. Acoustic carpet cloak based on an ultrathin metasurface[J]. Physical Review B, 2016, 94(1): 014302.

[71] WANG X, MAO D, LI Y. Broadband acoustic skin cloak based on spiral metasurfaces[J]. Scientific Reports, 2017, 7(1): 1-7.

[72] DUBOIS M, SHI C, WANG Y, et al. A thin and conformal metasurface for illusion acoustics of rapidly changing profiles[J]. Applied Physics Letters, 2017, 110(15): 151902.

[73] GU Z M，LIANG B，ZOU X，et al. Broadband diffuse reflections of sound by metasurface with random phase response[J]. EPL (Europhysics Letters)，2015，111(6)：64003.

[74] TANG K，QIU C，KE M，et al. Anomalous refraction of airborne sound through ultrathin metasurfaces[J]. Scientific Reports，2014，4(1)：1-7.

[75] XIE Y，WANG W，CHEN H，et al. Wavefront modulation and subwavelength diffractive acoustics with an acoustic metasurface[J]. Nature Communications，2014，5(1)：1-5.

[76] XIE Y，KONNEKER A，POPA B，et al. Tapered labyrinthine acoustic metamaterials for broadband impedance matching[J]. Applied Physics Letters，2013，103(20)：201906.

[77] MEI J，WU Y. Controllable transmission and total reflection through an impedance-matched acoustic metasurface[J]. New Journal of Physics，2014，16(12)：123007.

[78] ZHAI S，CHEN H，DING C，et al. Manipulation of transmitted wave front using ultrathin planar acoustic metasurfaces[J]. Applied Physics A，2015，120(4)：1283-1289.

[79] LI Y，JIANG X，LIANG B，et al. Metascreen-based acoustic passive phased array[J]. Physical Review Applied，2015，4(2)：024003.

[80] TIAN Y，WEI Q，CHENG Y，et al. Broadband manipulation of acoustic wavefronts by pentamode metasurface[J]. Applied Physics Letters，2015，107(22)：221906.

[81] WANG X P，WAN L，CHEN T，et al. Broadband unidirectional acoustic cloak based on phase gradient metasurfaces with two flat acoustic lenses[J]. Journal of Applied Physics，2016，120(1)：014902.

[82] JIANG X，LI Y，LIANG B，et al. Convert acoustic resonances to orbital angular momentum[J]. Physical Review Letters，2016，117(3)：034301.

[83] 梁彬，程建春. 声学的"漩涡"——声学轨道角动量的产生、操控与应用[J]. 物理，2017，46(10)：658-668.

[84] JIANG X, LIANG B, CHENG J, et al. Twisted acoustics: Metasurface—enabled multiplexing and demultiplexing[J]. Advanced Materials, 2018, 30(18): 1800257.

[85] ZUO S M, WEI Q, TIAN Y, et al. Acoustic analog computing system based on labyrinthine metasurfaces[J]. Scientific Reports, 2018, 8(1): 1-8.

[86] ZUO S M, TIAN Y, WEI Q, et al. Acoustic analog computing based on a reflective metasurface with decoupled modulation of phase and amplitude[J]. Journal of Applied Physics, 2018, 123(9): 091704.

[87] ZUO S M, WEI Q, CHENG Y, et al. Mathematical operations for acoustic signals based on layered labyrinthine metasurfaces[J]. Applied Physics Letters, 2017, 110(1): 011904.

[88] LI Y, QI Si, ASSOUAR M B. Theory of metascreen-based acoustic passive phased array[J]. New Journal of Physics, 2016, 18(4): 043024.

[89] WANG W, XIE Y, POPA B I, et al. Subwavelength diffractive acoustics and wavefront manipulation with a reflective acoustic metasurface [J]. Journal of Applied Physics, 2016, 120(19): 195103.

[90] LIU B, ZHAO W, JIANG Y. Apparent negative reflection with the gradient acoustic metasurface by integrating supercell periodicity into the generalized law of reflection[J]. Scientific Reports, 2016, 6: 38314.

[91] LIU B, REN B, ZHAO J, et al. Experimental realization of all-angle negative refraction in acoustic gradient metasurface[J]. Applied Physics Letters, 2017, 111(22): 221602.

[92] LIU B, ZHAO W, JIANG Y. Full-angle negative reflection realized by a gradient acoustic metasurface[J]. AIP Advances, 2016, 6(11): 115110.

[93] LIU B, ZHAO J, XU X, et al. All-angle negative reflection with an ultrathin acoustic gradient metasurface: Floquet-Bloch modes perspective and experimental verification[J]. Scientific Reports, 2017, 7(1): 1-9.

[94] JU F, TIAN Y, CHENG Y, et al. Asymmetric acoustic transmission

with a lossy gradient-index metasurface[J]. Applied Physics Letters, 2018, 113(12): 121901.

[95] LIU B, JIANF Y. Controllable asymmetric transmission via gap-tunable acoustic metasurface[J]. Applied Physics Letters, 2018, 112(17): 173503.

[96] TANG K, HONG Y, QIU C, et al. Making acoustic half-Bessel beams with metasurfaces[J]. Japanese Journal of Applied Physics, 2016, 55 (11): 110302.

[97] TIAN Y, WEI Q, CHENG Y, et al. Acoustic holography based on composite metasurface with decoupled modulation of phase and amplitude [J]. Applied Physics Letters, 2017, 110(19): 191901.

[98] XIE B, TANG K, CHENG H, et al. Coding acoustic metasurfaces[J]. Advanced Materials, 2017, 29(6): 1603507.

[99] XIE B, CHENG H, TANF K, et al. Multiband asymmetric transmission of airborne sound by coded metasurfaces[J]. Physical Review Applied, 2017, 7(2): 024010.

[100] MEMOLI G, CALEAP M, ASAKAWA M, et al. Metamaterial bricks and quantization of meta-surfaces[J]. Nature Communications, 2017, 8 (1): 1-8.

[101] LI K, LIANG B, YANG J, et al. Broadband transmission-type coding metamaterial for wavefront manipulation for airborne sound[J]. Applied Physics Express, 2018, 11(7): 077301.

[102] KLITZING K V, DORDA G, PEPPER M. New method for high-accuracy determination of the fine-structure constant based on quantized hall resistance[J]. Physical Review Letters, 1980, 45(6): 494-497.

[103] THOULESS D J, KOHMOTO M, NIGHTINGALE M P, et al. Quantized hall conductance in a two-dimensional periodic potential[J]. Physical Review Letters, 1982, 49(6): 405-408.

[104] KANE C L, MELE E J. Z_2 topological order and the quantum spin hall effect[J]. Physical Review Letters, 2005, 95(14): 146802.

[105] BERNEVIG B A, HUGHES T L, ZHANG S C. Quantum spin hall effect and topological phase transition in HgTe quantun wells[J]. Science, 2006, 314(5806): 1757-1761.

[106] FU L. Topological crystalline insulators[J]. Physical Review Letters, 2011, 106(10): 106802.

[107] MAK K F, MCGILL K L, PARK J, et al. The valley hall effect in MoS$_2$ transistors[J]. Science, 2014, 344(6191): 1489-1492.

[108] LEE J, FAI MAK K, SHAN J. Electrical control of the valley hall effect in bilayer MoS$_2$ transistors[J]. Nature Nanotechnology, 2016, 11: 421-425.

[109] LINDNER N H, REFAEL G, GALITSKI V. Floquet topological insulator in semiconductor quantum wells[J]. Nature Physics, 2011, 7: 490-495.

[110] HALDANE F D M, RAGHU S. Possible realization of directional optical waveguides in photonic crystals with broken time-reversal symmetry [J]. Physical Review Letters, 2008, 100(1): 013904.

[111] WANG Z, CHONG Y D, JOANNOPOULOS J D, et al. Reflection-free one-way edge modes in a gyromagnetic photonic crystal[J]. Physical Review Letters, 2008, 100(1): 013905.

[112] WANG Z, CHONG Y D, JOANNOPOULOS J D, et al. Observation of unidirectional backscattering-immune topological electromagnetic states[J]. Nature, 2009, 461(8): 772-775.

[113] FANG K, YU Z, FAN S. Realizing effective magnetic field for photons by controlling the phase of dynamic modulation[J]. Nature Photonics, 2012, 6: 782-787.

[114] KHANIKAEV A B, HOSSEIN MOUSAVI S, TSE W K, et al. Photonic topological insulators[J]. Nature Materials, 2013, 12: 233-239.

[115] MA T, KHANIKAEV A B, HOSSEIN MOUSAVI S, et al. Guiding electromagnetic waves around sharp corners: Topologically protected

photonic transport in metawaveguides[J]. Physical Review Letters, 2015, 114(12): 127401.

[116] LIANG G Q, CHONG Y D. Optical resonator analog of a two-dimensional topological insulator[J]. Physical Review Letters, 2013, 110 (20): 203904.

[117] HAFEZI M, DEMLER E A, LUKIN M D, et al. Robust optical delay lines with topological protection[J]. Nature Physics, 2011, 7: 907-912.

[118] HAFEZI M, MITTAL S, FAN J, et al. Imaging topological edge states in silicon photonics[J]. Nature Photonics, 2013, 7: 1001-1005.

[119] YANG Z, GAO F, SHI X, et al. Topological acoustics[J]. Physical Review Letters, 2015, 114(11): 114301.

[120] KHANIKAEV A B, FLEURY R, HOSSEIN MOUSAVI S, et al. Topologically robust sound propagation in an angular-momentum-biased graphene-like resonator lattice [J]. Nature Communications, 2015, 6: 8260.

[121] NI X, HE C, SUN X C, et al. Topologically protected one-way edge mode in networks of acoustic resonators with circulating air flow[J]. New Journal of Physics, 2015, 17: 053016.

[122] Fleury R, KHANIKAEV A B, ALU A. Floquet topological insulators for sound[J]. Nature Communications, 2016, 7: 11744.

[123] PENG Y G, QIN C Z, ZHAO D G, et al. Experimental demonstration of anomalous Floquet topological insulator for sound[J]. Nature Communications, 2016, 7: 13368.

[124] ZHANG Z, WEI Q, CHENG Y, et al. Topological creation of acoustic pseudospin multipoles in a flow-free symmetry-broken metamaterial lattice[J]. Physical Review Letters, 2017, 118(8): 084303.

[125] HE C, NI X, GE H, et al. Acoustic topological insulator and robust one-way sound transport[J]. Nature Physics, 2016, 12: 1124-1129.

[126] LU J, QIU C, KE M, et al. Valley vortex states in sonic crystals[J].

Physical Review Letters，2016，116(9)：093901.

[127] LU J，QIU C，YE L，et al. Observation of topological valley transport of sound in sonic crystals[J]. Nature Physics，2017，13：369-374.

[128] HE H，QIU C，YE L，et al. Topological negative refraction of surface acoustic waves in a Weyl phononic crystal[J]. Nature，2018，560：61-64.

[129] LI F，HUANG X，KU J，et al. Weyl points and Fermi arcs in a chiral phononic crystal[J]. Nature Physics，2018，14：30-34.

[130] LUO L，WANG H X，LIN Z K，et al. Observation of a phononic higher-order Weyl semimetal[J]. Nature Materials，2021，20：794-799.

[131] XIE B，LIU H，CHENG H，et al. Dirac points and the transition towards Weyl points in three-dimensional sonic crystals[J]. Light：Science & Applications，2020，9：201.

[132] QIU H，XIAO M，ZHANG F，et al. Higher-order dirac sonic crystals [J]. Physical Review Letters，2021，127(14)：146601.

[133] SKIRLO S A，LU L，SOLJAČIĆ M. Multimode one-way waveguides of large chern numbers[J]. Physical Review Letters，2014，113 (11)：113904.

[134] WANG H X，LIN Z K，JIANG B，et al. Higher-order Weyl semimetals [J]. Physical Review Letters，2020，125(14)：146401.

[135] GHORASHI S A A，LI T，HUGHES T L. Higher-order Weyl semimetals[J]. Physical Review Letters，2020，125(26)：266804.

[136] ZHANG X，WANG H X，LIN Z K，et al. Second-order topology and multidimensional topological transitions in sonic crystals[J]. Nature Physics，2019，15：582-588.

[137] CERJAN A，JÜRGENSEN M，BENALCAZAR W A，et al. Observation of a higher-order topological bound state in the continuum[J]. Physical Review Letters，2020，125(21)：213901.

[138] LIN Q，XIAO M，YUAN L，et al. Photonic Weyl point in a two-di-

mensional resonator lattice with a synthetic frequency dimension[J]. Nature Communications, 2016, 7:13731.

[139] WANG Q, XIAO M, LIU H, et al. Optical interface states protected by synthetic Weyl points[J]. Physical Review X, 2017, 7(3): 031032.

[140] FAN X, QIU C, SHEN Y, et al. Probing Weyl physics with one-dimensional sonic crystals [J]. Physical Review Letters, 2019, 122 (13): 136802.

[141] YAN Z W, WANG Q, XIAO M, et al. Probing rotated Weyl physics on nonlinear lithium niobate-on-insulator chips[J]. Physical Review Letters, 2021, 127(3): 013901.

[142] YAN B, XIE J, LIU E, et al. Topological edge state in the two-dimensional stampfli-triangle photonic crystals[J]. Physical Review Applied, 2019, 12(4): 044004.

[143] SILVA J R M, ANSELMO D H A L, VASCONCELOS M S, et al. Phononic topological states in 1D quasicrystals[J]. Journal of Physics: Condensed Matter, 2019, 31: 505405.

[144] ZHANG Y, PAN J. Underwater sound radiation from an elastically coated plate with a discontinuity introduced by a signal conditioning plate[J]. The Journal of the Acoustical Society of America, 2013, 133 (1): 173-185.

[145] ZHAO H, LIU Y, WEN J, et al. Tri-component phononic crystals for underwater anechoic coatings[J]. Physics Letters A, 2007, 367(3): 224-232.

[146] HAO M, WEN J, ZHAO H, et al. Optimization of locally resonant acoustic metamaterials on underwater sound absorption characteristics [J]. Journal of Sound and Vibration, 2012, 331(20): 4406-4416.

[147] YANG H B, LI Y, ZHAO H G, et al. Acoustic anechoic layers with singly periodic array of scatterers: Computational methods, absorption mechanisms, and optimal design[J]. Chinese Physics B, 2014, 23(10):

104304.

[148] 王育人，缪旭弘，姜恒，等. 水下吸声机理与吸声材料[J]. 力学进展，2017，47(1)：30.

[149] JIANG H，WANG Y，ZHANG M，et al. Locally resonant phononic woodpile：A wide band anomalous underwater acoustic absorbing material[J]. Applied Physics Letters，2009，95(10)：104101.

[150] CHEN M，MENG D，ZHANG H，et al. Resonance-coupling effect on broad band gap formation in locally resonant sonic metamaterials[J]. Wave Motion，2016，63：111-119.

[151] CHENG G，HE D，SHU G. Underwater sound absorption property of porous aluminum[J]. Colloids and Surfaces A：Physicochemical and Engineering Aspects，2001，179(2-3)：191-194.

[152] WANG X. Porous metal absorbers for underwater sound[J]. Journal of the Acoustical Society of America，2007，122(5)：2626-2635.

[153] NAIFY C J，MARTIN T P，LAYMAN C N，et al. Underwater acoustic omnidirectional absorber[J]. Applied Physics Letters，2014，104(7)：036609.

[154] WANG C，ZHENG W G，HUANG Q B. Acoustic absorption characteristics of new underwater omnidirectional absorber[J]. Chinese Physics Letters，2019，36(4)：044301.

[155] 王源升，杨雪，朱金华，等. 梯度高分子溶液的声衰减[J]. 高分子材料科学与工程，2005，21(5)：129-132.

[156] TAO M，TANG W L，HUA H X. Noise reduction analysis of an underwater decoupling layer[J]. Journal of Vibration & Acoustics，2010，132(6)：061006.

[157] HUANG L，XIAO Y，WEN J，et al. Optimization of decoupling performance of underwater acoustic coating with cavities via equivalent fluid model[J]. Journal of Sound and Vibration，2018，426：244-257.

[158] 王东涛，朱大巍，黄修长. 局域共振子对手性覆盖层振动和声辐射抑制

的影响[J]. 噪声与振动控制，2015，35(6)：22-25.

[159] 陶猛，汤渭霖，范军. 柔性去耦覆盖层降噪机理分析[J]. 船舶力学，2010，014(004)：421-429.

[160] ZHANG Y B，REN C Y，ZHU X. Research on vibration and sound radiation from submarine functionally graded material nonpressure cylindrical shell[J]. Advanced Materials Research，2013，690：3046-3049.

[161] 张梗林，杨德庆，朱金文. 船用新型蜂窝隔振器减振性能分析[J]. 中国舰船研究，2013，8(4)：52-58.

[162] 朱大巍. 手性声学覆盖层结构降噪机理及实验研究[D]. 上海：上海交通大学，2015.

[163] 张林芳，黄修长. 一种手性声学覆盖层的水下抑声性能实验研究[J]. 噪声与振动控制，2017，37(4)：63-68.

[164] CALVO D C，THANGAWNG A L，NICHOLAS M，et al. Thin fresnel zone plate lenses for focusing underwater sound[J]. Applied Physics Letters，2015，107(1)：275-606.

[165] CONSTANZA R，JOSÉ F，SERGIO C I，et al. Pinhole zone plate lens for ultrasound focusing[J]. Sensors，2017，17(7)：1690.

[166] CHEN J，RAO J，LISEVYCH D，et al. Broadband ultrasonic focusing in water with an ultra-compact metasurface lens[J]. Applied Physics Letters，2019，114(10)：104101.

[167] SU X，NORRIS A N，CUSHING C W，et al. Broadband focusing of underwater sound using a transparent pentamode lens[J]. Journal of the Acoustical Society of America，2017，141(6)：4408-4417.

[168] ZHANG Y，PAN J. Underwater sound scattering and absorption by a coated infinite plate with a distributed inhomogeneity[J]. The Journal of the Acoustical Society of America，2013，133(4)：2082-2096.

[169] ZHANG Y，HUANG H，ZHENG J，et al. Underwater sound scattering and absorption by a coated infinite plate with attached periodically located inhomogeneities[J]. Journal of the Acoustical Society of Ameri-

ca, 2015, 138(5): 2707-2721.

[170] ZHANG Y, PAN J. Enhancing acoustic signal response and absorption of an underwater coated plate by embedding periodical inhomogeneities [J]. The Journal of the Acoustical Society of America, 2017, 142(6): 3722-3735.

[171] NORRIS A N, NAGY A J. Acoustic metafluids made from three acoustic fluids[J]. Journal of the Acoustical Society of America, 2010, 128 (4): 1606-1616.

[172] GOKHALE N H, CIPOLLA J L, NORRIS A N. Special transformations forpentamode acoustic cloaking[J]. The Journal of the Acoustical Society of America, 2012, 132(4): 2932-2941.

[173] MILTON G W. Complete characterization of the macroscopic deformations of periodic unimode metamaterials of rigid bars and pivots[J]. Journal of the Mechanics & Physics of Solids, 2013, 61(7): 1543-1560.

[174] MILTON G W. Adaptable nonlinear bimode metamaterials using rigid bars, pivots, and actuators[J]. Journal of the Mechanics and Physics of Solids, 2013, 61(7): 1561-1568.

[175] MÉJICA G F, LANTADA A D. Comparative study of potential pentamodal metamaterials inspired by Bravais lattices[J]. Smart Materials & Structures, 2013, 22(11): 1500-1503.

[176] KIM H S, AL-HASSANI S. A morphological elastic model of general hexagonal columnar structures[J]. International Journal of Mechanical Sciences, 2001, 43(4): 1027-1060.

[177] HLADKY-HENNION A C, VASSEUR J O, HAW G, et al. Negative refraction of acoustic waves using a foam-like metallic structure[J]. Applied Physics Letters, 2013, 102(14): 144103.

[178] LAYMAN C N, NAIFY C J, MARTIN T P, et al. Highly-anisotropic elements for acoustic pentamode applications[J]. Physical Review Letters, 2013, 111(2): 024302.

[179] KADIC M, BÜCKMANN T, STENGER N, et al. On the practicability of pentamode mechanical metamaterials[J]. Applied Physics Letters, 2012, 100(19): 191901.

[180] SCHITTNY R, BÜCKMANN T, KADIC M, et al. Elastic measurements on macroscopic three-dimensional pentamode metamaterials[J]. Applied Physics Letters, 2013, 103(23): 231905.

[181] KADIC M, BÜCKMANN T, SCHITTNY R, et al. On anisotropic versions of three-dimensional pentamode metamaterials[J]. New Journal of Physics, 2013, 15(2): 023029.

[182] XIAO Q J, WANG L, WU T, et al. Research on layered design of ring-shaped acoustic cloaking usingbimode metamaterial[J]. Applied Mechanics and Materials, 2014, 687: 4399-4404.

[183] 张向东, 陈虹, 王磊, 等. 圆柱形分层五模材料声学隐身衣的理论与数值分析[J]. 物理学报, 2015, 64(13): 134303.

[184] XUAN C, LEI W, ZHAO Z, et al. The mechanical and acoustic properties of two-dimensionalpentamode metamaterials with different structural parameters[J]. Applied Physics Letters, 2016, 109(13): 791-113.

[185] CHEN Y, LIU X, HU G. Latticed pentamode acoustic cloak[J]. Scientific Reports, 2015, 5(1): 1-7.

[186] WANG Z, CAI C, LI Q, et al. Pentamode metamaterials with tunable acoustics band gaps and large figures of merit[J]. Journal of Applied Physics, 2016, 120(2): 024903.

[187] KRUSHYNSKA A O, GALICH P, BOSIA F, et al. Hybrid metamaterials combining pentamode lattices and phononic plates[J]. Applied Physics Letters, 2018, 113(20): 201901.

[188] SUN Z, JIA H, CHEN Y, et al. Design of an underwater acoustic bend by pentamode metafluid[J]. Journal of the Acoustical Society of America, 2018, 143(2): 1029-1034.

[189] BISWAS S, LU A, LARIMORE Z, et al. Realization of modified

Luneburg lens antenna using quasi-conformal transformation optics and additive manufacturing[J]. Microwave and Optical Technology Letters, 2019, 61: 1022-1029.

[190] CHEN J, CHU H, HUANG Y, et al. Ultra-wideband Luneburg lens with high performance based on gradient metamaterials[J]. Journal of Physics D: Applied Physics, 2022, 55: 355109.

[191] XIE Y, FU Y, JIA Z, et al. Acoustic imaging with metamaterial luneburg lenses[J]. Scientific Reports, 2018, 8: 16188.

[192] YU R, WANG H, CHEN W, et al. Latticed underwater acoustic Luneburg lens[J]. Applied Physics Express, 2020, 13: 084003.

[193] FU Y, LI J, XIE Y, SHEN C, et al. Compact acoustic retroreflector based on a mirrored Luneburg lens[J]. Physical Review Materials, 2018, 2: 105202.

[194] YUAN B, LIU J, LONG H, et al. Sound focusing by a broadband acoustic Luneburg len[J]. The Journal of the Acoustical Society of America, 2022, 151(3): 2238-2244.

[195] ZHAO L, YU M. Structural Luneburg lens for broadband cloaking and wave guiding[J]. Scientific Reports, 2020, 10: 14556.

[196] MA T X, LI Z Y, ZHANG C, et al. Energy harvesting of Rayleigh surface waves by a phononic crystal Luneburg lens[J]. International Journal of Mechanical Sciences, 2022, 227: 107435.

[197] ALLAM A, SABRA K, ERTURK A. 3D-printed gradient-index phononic crystal lens for underwater acoustic wave focusing[J]. Physical Review Applied, 2020, 13(6): 064064.

[198] YU R, WANG H, CHEN W, et al. Latticed underwater acoustic Luneburg lens[J]. Applied Physics Express, 2020, 13: 084003..

[199] LI Z, YANG S, WANG D, et al. Focus of ultrasonic underwater sound with 3D printed phononic crystal[J]. Applied Physics Letters, 2021, 119(7): 073501.

[200] KIM J W，LEE S J，JO J Y，et al. Acoustic imaging by three-dimensional acoustic Luneburg meta-lens with lattice columns[J]. Applied Physics Letters，2021，118(9)：091902.

[201] ALLAM A，SABRA K，A. Erturka. Sound energy harvesting by leveraging a 3D-printed phononic crystal lens[J]. Applied Physics Letters，2021，118(10)：103504.

[202] KIM J W，HWANG G，LEE S J，et al. Three-dimensional acoustic metamaterial Luneburg lenses for broadband and wide-angle underwater ultrasound imaging[J]. Mechanical Systems and Signal Processing，2022，179：109374.

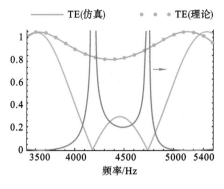

图 2.2(d)

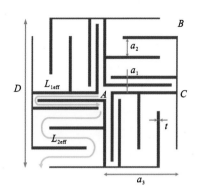

图 2.5(a)

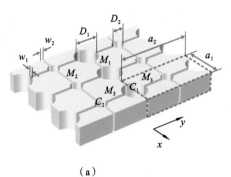

（a）

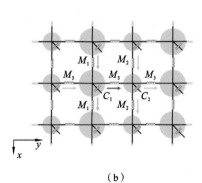

（b）

图 3.7

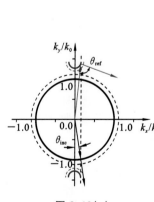

图 3.10(a)

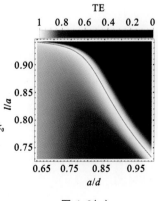

图 4.2(a)

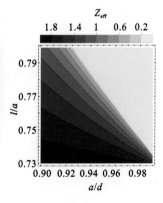

图 4.2(b)

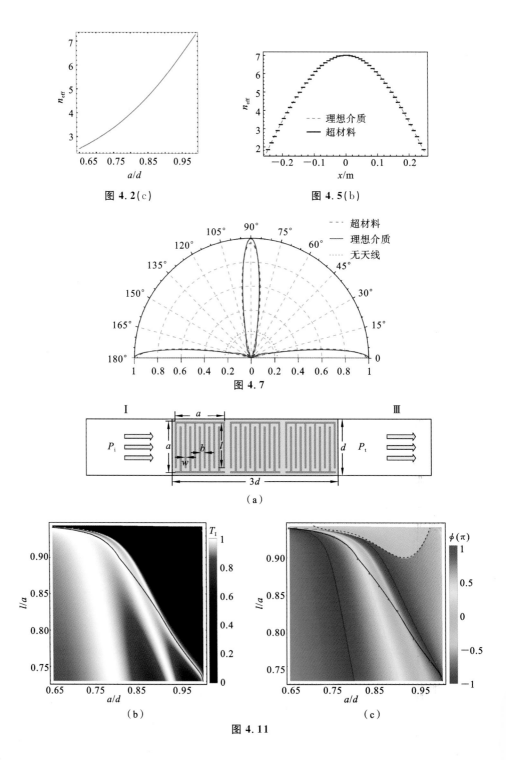

图 4.2(c)

图 4.5(b)

图 4.7

（a）

图 4.11

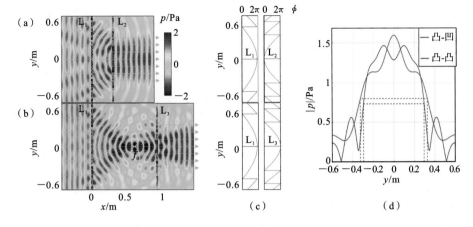

图 4.13

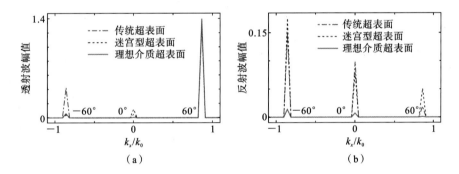

图 4.30

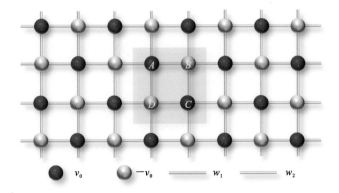

图 5.1

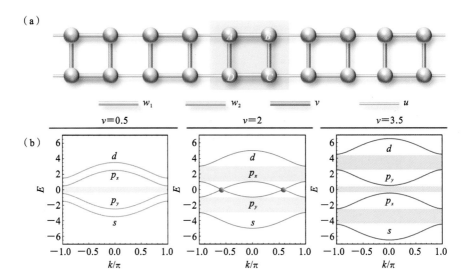

图 5.13

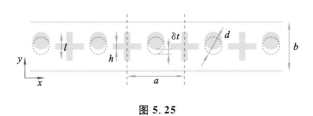

图 5.25

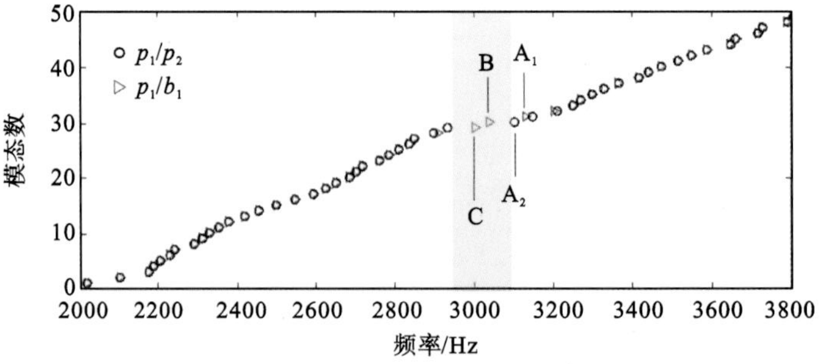

图 5.31

图 5.39(a)

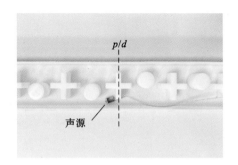

图 5.52

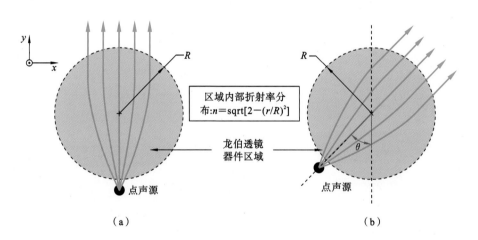

（a）

（b）

区域内部折射率分布:$n=\text{sqrt}[2-(r/R)^2]$

龙伯透镜器件区域

点声源

图 6.6

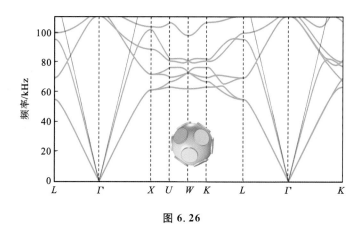

图 6.26

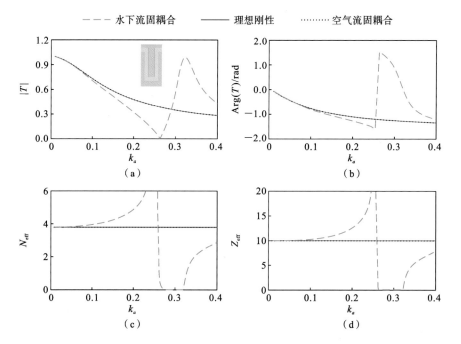

图 6.47

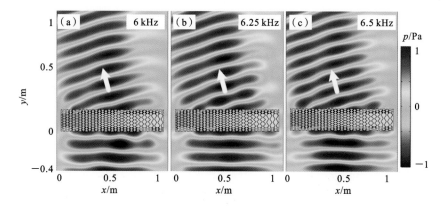

图 6.55

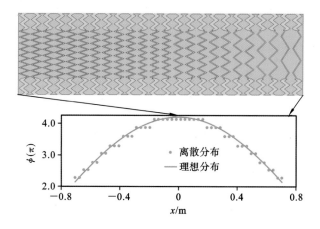

图 6.57

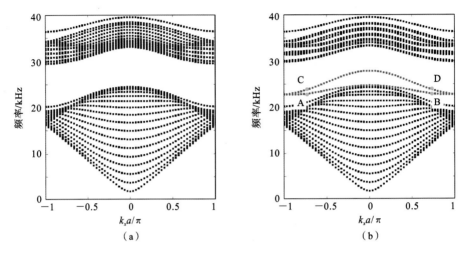

图 6.79

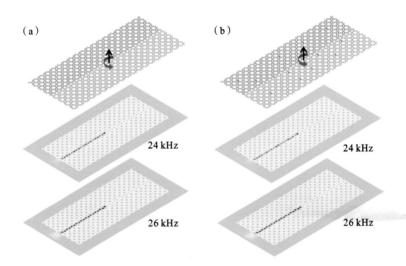

图 6.82